Abdelmohsen Abdellatif

Novas fibras médicas

Imprint
Any brand names and product names mentioned in this book are subject to trademark, brand or patent protection and are trademarks or registered trademarks of their respective holders. The use of brand names, product names, common names, trade names, product descriptions etc. even without a particular marking in this work is in no way to be construed to mean that such names may be regarded as unrestricted in respect of trademark and brand protection legislation and could thus be used by anyone.

Cover image: www.ingimage.com

This book is a translation from the original published under ISBN 978-613-4-91135-1.

Publisher:
Sciencia Scripts
is a trademark of
Dodo Books Indian Ocean Ltd. and OmniScriptum S.R.L publishing group

120 High Road, East Finchley, London, N2 9ED, United Kingdom
Str. Armeneasca 28/1, office 1, Chisinau MD-2012, Republic of Moldova, Europe
Printed at: see last page
ISBN: 978-620-8-09739-4

ÍNDICE DE CONTEÚDOS

Capítulo 1: Introdução

Parte teórica

1.1. Têxteis médicos

A combinação da tecnologia têxtil e das ciências médicas deu origem a um novo domínio denominado têxteis médicos. Os têxteis médicos representam um enorme mercado devido à sua disseminação não só nos sectores hospitalar, de higiene e de cuidados de saúde, mas também em hotéis e outros ambientes onde a higiene é necessária. Tem-se registado um aumento acentuado da utilização de fibras naturais e sintéticas na produção de vários produtos médicos. De acordo com relatórios anteriores[(1)], o crescimento anual dos têxteis médicos deverá rondar os 10 % durante o ano de 1999-2000.

Sabe-se que os microrganismos criam um problema de agregação nos hospitais e noutros ambientes, transmitindo doenças e infecções através do vestuário, da roupa de cama, etc. As axilas e a região perineal do corpo são mais susceptíveis ao crescimento microbiano, o que conduz a um odor corporal indesejável. Foi referido que as fibras de poliamida retêm mais microrganismos causadores do que as fibras naturais[(2)].

O poliéster e outras fibras sintéticas também estão sujeitos ao crescimento de microrganismos patogénicos. Além disso, os microrganismos deterioram as fibras celulósicas e reduzem a vida útil dos materiais[(3)]. Aderem à superfície das fibras; corroem gradualmente para dentro, camada a camada, desintegrando as paredes primárias e secundárias das fibras e causando danos consideráveis[(4)]. É de notar que as bactérias são normalmente activas a pH 7-8 e os fungos a 4-6,5. Foi isolado um grande número de fungos em têxteis de algodão expostos[(5)].

1.2. Classificação dos têxteis médicos

O número de aplicações dos materiais têxteis em medicina e cirurgia é enorme e diversificado, indo desde uma sutura de um único fio até à estrutura composta complexa para substituição de ossos, passando pelo toalhete de limpeza de amostras, até aos tecidos de barreira avançados utilizados nas salas de operações[(6)]. Por conseguinte, é necessário ordenar esta diversidade de têxteis médicos através de uma forma de sistema de classificação. Seria possível classificar os têxteis médicos por tipo de fibra, via de processamento, materiais têxteis ou por objectivos[(7)]. Verificou-se que a classificação dos têxteis médicos por materiais adequados é a mais apropriada. Os materiais têxteis são adequados para muitas aplicações médicas e cirúrgicas em que é necessária uma combinação de resistência e flexibilidade. Os materiais utilizados incluem fibras, mono e multifilamentos, fios, fibras descontínuas, tecidos, não tecidos e compostos. Para além disso, existem aplicações separadas e especializadas que podem ser categorizadas como se segue na Figura 1.1.

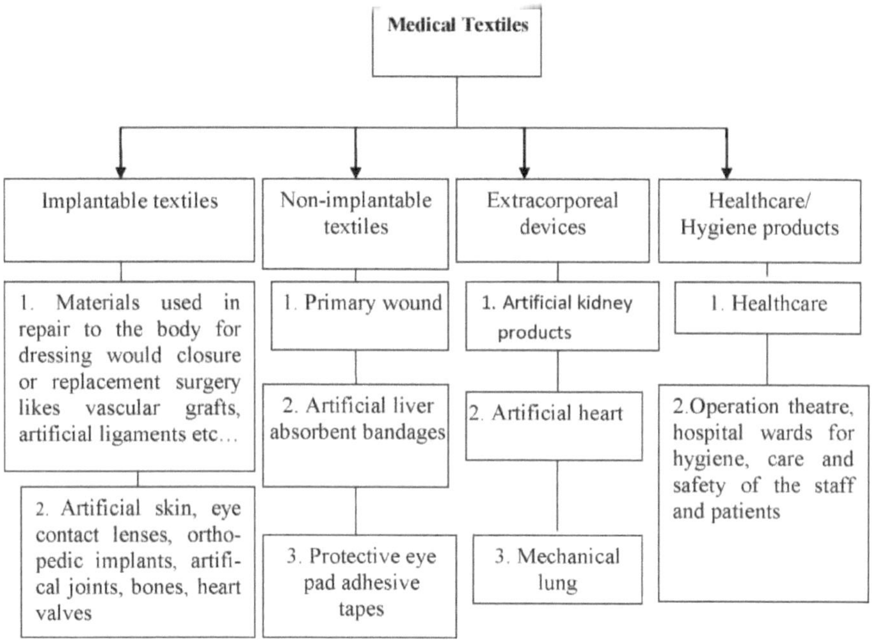

Figura 1.1: Classificação dos têxteis médicos

1.2.1. Fibras e tecidos utilizados para aplicações médicas

Historicamente, as fibras, especialmente as fibras de seda, têm sido utilizadas há talvez 6000 anos, principalmente como fibras têxteis[8] . A primeira tentativa documentada, mas falhada, de fabricar seda artificial[9] . Dois séculos mais tarde, em 1855, o químico suíço[10] utilizou a celulose para simular o filamento de seda. A abordagem de Audemars aproximava-se da fiação em solução, dissolvendo quimicamente a casca interna da amoreira e utilizando uma agulha para extrair um fio.

A fiação real foi inventada em 1880 por um químico inglês, Swan, que pegou numa solução de celulose audemars e a forçou simultaneamente através de um conjunto de orifícios finos, um dispositivo atualmente designado por fieira. O processo de fiação foi utilizado para produzir as primeiras fibras artificiais comerciais, o rayon, que também era derivado da celulose vegetal, pelo químico francês Count Hilaire et al. Em 1931, Wallace Carothers, um químico da DuPont, sintetizou o nylon, uma poliamida, a partir de produtos petroquímicos, revolucionando a forma como os materiais de fibra polimérica são obtidos e como são processados. Em primeiro lugar, os materiais poliméricos podem ser obtidos exclusivamente a partir da química sintética e os materiais resultantes são denominados polímeros sintéticos. Em segundo lugar, foi desenvolvido o processo de fiação por fusão para a produção em massa de fibras, sendo o nylon talvez o primeiro material polimérico sujeito a esta técnica de processamento[9]. Desde finais de 1930, o desenvolvimento da tecnologia das fibras tem seguido dois caminhos. Uma é a melhoria das operações de processamento de fibras; a outra é o desenvolvimento de materiais poliméricos que têm aplicações em fibras. As várias aplicações de diferentes fibras no domínio médico são apresentadas na tabela 1.1.

Tabela 1.1: Fibras e tecidos utilizados em aplicações médicas

Tipo de fibra	Aplicação no domínio médico
Algodão	Vestuário cirúrgico batas, artigos de cama, lençóis, capas de almofadas, uniformes, meias cirúrgicas
Viscose	Toucas, máscaras, toalhetes
Poliéster	Batas, máscaras, campos cirúrgicos, cobertores
Poliamida	Meias cirúrgicas
Polipropileno	Vestuário de proteção
Polietileno	Coberturas cirúrgicas, campos cirúrgicos
Vidro	Bonés, máscaras
Elastomérico	Meias cirúrgicas

1.3. Classificação das fibras

As fibras são fibras curtas e fibras longas e o seu comprimento é uma propriedade importante das fibras. Para ver uma fibra curta, pegue numa bola de algodão e retire-lhe as fibras. Repara que estas fibras são bastante pequenas. Agora tente puxar as fibras de um tecido de nylon. Verá que são fibras mais longas. As fibras curtas são designadas por agrafos e as longas por filamentos. As fibras também podem ser classificadas de acordo com a sua origem. Algumas fibras são obtidas a partir de fontes naturais, ou seja, de plantas, animais ou minerais. Estas fibras são designadas por fibras naturais. As outras fibras são fabricadas pelo homem.

1.3.1. Fibras descontínuas

As fibras descontínuas referem-se a fibras que são cortadas num comprimento desejado ou a fibras que ocorrem naturalmente com uma baixa relação entre o comprimento e a largura da sua secção transversal perpendicular ao seu comprimento, quando comparadas com os filamentos. O comprimento pode variar de cerca de 0,1 polegada a vários metros. Nalgumas formas de realização, o comprimento é de 0,1 polegadas a cerca de 8 polegadas. As fibras sintéticas descontínuas são cortadas no comprimento adequado para serem processadas em equipamento de fiação de fios de algodão, lã ou lã penteada.

As fibras descontínuas podem ter (a) um comprimento substancialmente uniforme, (b) um comprimento variável ou aleatório, ou (c) subconjuntos de fibras descontínuas têm um comprimento substancialmente uniforme e as fibras descontínuas nos outros subconjuntos têm comprimentos diferentes, com as fibras descontínuas nos subconjuntos misturadas formando uma distribuição substancialmente uniforme. Nalguns casos, as fibras agrafadas adequadas têm um comprimento de 1 a 30 centímetros. As fibras agrafadas fabricadas por processos de agrafagem curta resultam num comprimento de fibra de 1 a 6 centímetros. As fibras agrafadas podem ser fabricadas por qualquer processo. As fibras descontínuas podem ser formadas por fibras contínuas que quebram por estiramento, resultando em fibras descontínuas com secções deformadas que actuam como frisos. As fibras para agrafos podem ser cortadas a partir de fibras contínuas rectas utilizando um cortador rotativo ou um cortador de guilhotina, resultando em fibras para agrafos rectas (ou seja, frisadas), ou adicionalmente cortadas a partir de fibras contínuas frisadas com um friso em forma de dente de serra ao longo do comprimento da fibra para agrafos, com uma frequência de frisos (ou dobras repetidas) não superior a 8 frisos por centímetro.

As fibras descontínuas estiradas podem ser fabricadas quebrando um cabo ou um feixe de filamentos contínuos durante uma operação de quebra por estiramento com uma ou mais zonas de quebra a uma distância prescrita, criando uma massa variável aleatória de fibras com um comprimento médio de corte controlado pelo ajuste da zona de quebra.

1.3.2. Fibras não tecidas

Os tecidos não tecidos são definidos como substratos fibrosos que são ligados entre si por meios mecânicos, térmicos ou químicos. Ao contrário dos tecidos convencionais à base de fios utilizados na indústria do vestuário, os tecidos não tecidos representam substratos criados com fibras separadas que se encontram distribuídas de forma mais ou menos aleatória no plano do tecido. Nos últimos anos, os tecidos não tecidos registaram um aumento sem precedentes, devido principalmente à invenção dos polímeros termoplásticos e à evolução de novos campos de aplicação. As tecnologias de ligação por fiação e de fusão por sopro introduziram uma forma nova e barata de produzir tecidos não tecidos através da fiação de fibras a partir de polímeros fundidos e da criação de teias de fibras contínuas ligadas numa única etapa. Os recentes desenvolvimentos na fiação de fibras bicomponentes abriram novos caminhos no desenvolvimento de tecidos não tecidos. À medida que os tecidos não tecidos vão surgindo em muitas aplicações novas, surge a necessidade de criar tecidos não tecidos com propriedades de desempenho cuidadosamente concebidas.

1.4. Fiação

No contexto da produção de fibras, a fiação refere-se ao processo em que as fibras são formadas[10]. Historicamente, uma vez que os polímeros naturais foram utilizados para produzir fibras muito antes de os materiais poliméricos sintéticos terem sido inventados e uma vez que tendem a decompor-se nos seus pontos de fusão ou abaixo deles, a fiação por solução, incluindo a fiação a húmido e a seco, foi desenvolvida muito antes da fiação por fusão. Uma vez que esta investigação se centra no desenvolvimento de estruturas em operações de fiação por via húmida, é apresentada apenas uma breve revisão sobre a fiação.

1.4.1. Tecnologias de fiação

As propriedades dos fios fiados são principalmente afectadas pelas propriedades das fibras e pela estrutura do fio. A estrutura do fio é determinada principalmente pelo processo de fiação. Para produzir fio de qualidade de forma produtiva e económica com a máxima flexibilidade, os processos devem ter uma coordenação óptima das máquinas, desde o processamento do fardo até ao processo de fiação final. De facto, cada processo de fiação tende a produzir uma estrutura de fio distinta. Um sistema de fiação ideal deve ter os seguintes atributos:

- Máquina de alta qualidade que produz fio ou produto acabado de "boa qualidade" (incluindo desempenho e estética).
- Produtividade (velocidade rápida da máquina no processo de produção).
- Baixo custo de fabrico (investimento pouco dispendioso e baixos custos de produção).
- Flexibilidade com fácil ajuste para produzir uma variedade de tipos de fios de fibras naturais e fibra sintética.
- Percurso de transformação curto (fiação direta a partir da fita).

Tem havido muitas inovações com o objetivo de criar "o sistema de fiação ideal", que têm sido desenvolvidas e investigadas por fabricantes e investigadores. Os processos de fiação que desempenham papéis importantes atualmente e que têm potencial para serem aceites no futuro são a fiação por solução, a fiação por fusão, a fiação por anéis, a fiação compacta, a fiação por rotor aberto, a fiação por jato de ar e a fiação por vórtice ([1] 1). Para além disso, cada sistema produz fios com caraterísticas diferentes, tais como as gamas de título do fio e a qualidade do produto final. Segue-se uma análise crítica de cada um dos princípios de fiação, incluindo os pontos fortes, os pontos fracos e os desenvolvimentos recentes de cada sistema de fiação.

1.4.2. Visão geral dos sistemas de fiação disponíveis

1.4.2.1. Fiação de soluções

Se o material polimérico se decompuser abaixo do seu ponto de fusão, tem de ser utilizada a abordagem de fiação por solução. A fiação em solução pode ser classificada como fiação húmida e fiação seca. Em ambos os cenários, a solução de polímero é extrudida. Na fiação húmida, a solução é extrudida para um banho químico que coagula os filamentos gelatinosos extrudidos para formar filamentos sólidos, enquanto que na fiação a seco, a solução é extrudida para um gás quente para vaporizar o solvente e facilitar a formação dos filamentos.

1.4.2.2. Fiação por fusão

A fiação por fusão é a técnica de fiação mais utilizada na indústria atual devido à sua simplicidade e baixo custo. Neste processo, o polímero fundido é extrudido e forçado através dos orifícios da fieira, os filamentos emergentes são arrastados e atenuados por uma força de tração aplicada por um dispositivo de recolha. Normalmente, a linha de fiação é sujeita a ar de arrefecimento cruzado e a temperatura dos filamentos diminui rapidamente. Este processo é designado por arrefecimento. Uma chaminé de proteção é normalmente adaptada na têmpera, no final da qual os filamentos se cobrem para formar um fio. Após a formação do fio, o feixe de filamentos pode ser sujeito a um acabamento, processo no qual são aplicados óleos lubrificantes e anti-estáticos, melhorando a coesão e reduzindo o arrastamento por atrito do fio[(12)].

1.5. Ferida

A ferida é definida como uma rutura na camada exterior da pele, normalmente causada por cortes e arranhões. Os doentes feridos devem receber tratamento imediato para estancar a hemorragia e evitar a invasão microbiana. Ao longo dos séculos, o tratamento de feridas tem sido abordado de várias formas, desde o fornecimento da higiene necessária à ferida e a interrupção da hemorragia, até à utilização de medicamentos modernos. A utilização de pensos na cicatrização de feridas remonta ao período de 3000-2500 a.C.[(13)] Quando os antigos egípcios misturaram fibras de algodão e gordura no mel para criar um penso que mantivesse o mel na ferida. A definição de ferida, os tipos de ferida, a compreensão do processo de cicatrização de feridas e a promoção do processo de cicatrização de feridas serão aqui abordados, juntamente com um levantamento dos materiais de penso disponíveis, relatados nos últimos dez anos.

A ferida, uma rutura da continuidade da pele, é considerada a principal causa de morbilidade e de diminuição da qualidade de vida. De acordo com um inquérito realizado nos EUA, mais de 1,25 milhões de pessoas foram expostas a queimaduras e 6,5 milhões têm úlceras cutâneas crónicas ou diabetes mellitus[(14)]. Consequentemente, os produtos para o tratamento de feridas, especialmente os têxteis para aplicações médicas, um dos sectores de crescimento mais rápido da indústria têxtil global, apresentam um crescimento extensivo no campo da investigação. Foram efectuados alguns estudos para compreender todo o processo de cicatrização de feridas que tem sido utilizado pelo próprio corpo humano. Em contrapartida, os estudos tradicionais deste tipo foram efectuados sobre a influência de alguns compostos na melhoria das feridas. Todas as feridas podem ser classificadas numa das seguintes categorias: mecânicas, por exemplo, feridas cirúrgicas/traumáticas; crónicas, como úlceras de perna ou úlceras do pé diabético; queimaduras, que podem ser lesões químicas ou térmicas e ainda classificadas pela profundidade da lesão. As feridas são geralmente divididas em dois tipos principais: agudas e crónicas[(14,15)].

1.5.1. Tipos de feridas

1.5.1.1. A ferida aguda

Uma ferida aguda é uma ferida infligida recentemente que, normalmente, cicatriza sem qualquer problema. Um dos principais factores que causam as feridas agudas é a rutura da membrana celular. Além disso, a pele pode ser rasgada, esmagada ou rebentada por forças externas. Por vezes, acontece intencionalmente em cirurgias[(16)].

1.5.1.2. A ferida crónica

A ferida crónica pode ser definida como a ferida em que o corpo não consegue cicatrizar a ferida para limitar a área ou a exposição ao ar e a invasão microbiana em tempo normal. De um modo geral, uma ferida crónica é uma ferida que não cicatriza há mais de seis semanas. Exemplos de feridas crónicas são as úlceras de perna, as úlceras de pressão e as úlceras do pé diabético. Nas feridas crónicas, há um ou mais factores principais responsáveis por prejudicar a capacidade do corpo para cicatrizar a ferida e manter a integridade da pele, tais como: drenagem venosa deficiente, anomalias metabólicas e doenças genéticas[(14,15)]. A compreensão destas diferenças é a chave para identificar e corrigir ou modificar as causas subjacentes nas fases iniciais para permitir que a cicatrização prossiga. No entanto, é necessária uma compreensão do processo de cicatrização normal para apreciar plenamente a diferença e antecipar acontecimentos indesejáveis, particularmente em feridas crónicas, como o risco de invasão microbiana.

1.5.1.3. Cicatrização de feridas

A cicatrização de feridas é uma função de regeneração e restauração da integridade dos tecidos. A cicatrização de feridas tem também como objetivo evitar que o corpo seja infetado através de feridas, promover a cicatrização de feridas com uma cicatriz mínima e devolver rapidamente as funções da pele. A cicatrização de feridas é um processo muito complicado de uma sequência bem organizada de acontecimentos biológicos. Muito foi publicado[(13-34)] sobre a cicatrização de feridas e demonstrou que o processo de cicatrização de feridas, quer nas feridas agudas quer nas crónicas, tem de passar por fases ou estádios básicos. A Tabela (1.2) apresenta as quatro fases básicas de cicatrização que ocorrem uma após a outra, normalmente de forma ordenada, num período de 21 dias. A hemostase aguda, a fase inflamatória, a fase proliferativa e a fase de maturação são as quatro fases principais da cicatrização de feridas[(16)].

A resposta inicial da ferida é a hemostase (coagulação), que impede a continuação da hemorragia, onde os vasos sanguíneos danificados devem ser tecnicamente selados. Os vasos danificados são selados por células plaquetárias quc actuam como "trabalhadores utilitários". As plaquetas segregam substâncias vasoconstritoras para proporcionar uma vedação estável do coágulo dos vasos danificados[18].

A segunda fase da cicatrização de feridas é a fase de inflamação Figura 1.2[17] que está associada a inchaço, calor e dor. A resposta inflamatória faz com que os vasos sanguíneos libertem plasma sanguíneo para o tecido circundante. De facto, a temperatura elevada do corpo é considerada como a primeira linha de defesa contra a infeção. A fase de inflamação é caracterizada pelo afluxo de glóbulos brancos (leucócitos e macrófagos)[17,19] que são necessários para destruir as bactérias, limpar a ferida de detritos e estimular as acções bioquímicas necessárias para a reparação. Os macrófagos (glóbulos brancos especializados) são considerados centros de controlo bioquímico local para a cicatrização, enquanto o seu papel se centra principalmente na digestão dos resíduos celulares e na estimulação de quaisquer outras células imunitárias para responderem aos agentes patogénicos (qualquer agente que possa causar doença). O período da fase de inflamação é de cerca de 1 a 4 dias, dependendo do tamanho da ferida. A fase de proliferação (Figura 1.3)[17,19] é definida como a fase regenerativa em que a atividade dos fibroblastos leva à formação de tecido conjuntivo (tecido de granulação). Esta fase pode ser caracterizada pela presença de tecido vermelho na base da ferida, substituição de tecidos dérmicos e, por vezes, de tecidos subdérmicos na ferida mais profunda. O processo de regeneração dérmica ocorre quando os fibroblastos segregam colagénio no local da ferida e regeneram as camadas exteriores dos capilares[19]. Os capilares recém-formados infiltram-se no local da ferida para nutrir e apoiar a construção do tecido conjuntivo (processo de angiogénese). Os factores de crescimento desempenham o papel fundamental de apoiar o tecido de granulação, estimulando a nutrição. Os factores de crescimento são uma subclasse de citocinas (pequenas proteínas segregadas) que medeiam e regulam a imunidade, a inflamação e a homeostasia. Foram estudados mais de 20 factores de crescimento que contribuem para a regulação da função celular e para a reparação de feridas. Durante esta fase, a base da ferida pode ser irregular e estar coberta por lama ou materiais necróticos[21,22].

Em geral, o tecido de granulação é muito frágil e consiste em novos vasos sanguíneos numa matriz de colagénio que preenche a base da ferida. Muitos factores podem contribuir para esta situação, incluindo a idade avançada, a diabetes e a infeção. As fases de cicatrização da ferida são concluídas pela etapa de maturação ou de remodelação (Figura 1.4)[17], na qual o colagénio é reorganizado e remodelado sob o controlo do crescimento ao longo das linhas de tensão e das células, o que aumenta a resistência do tecido cicatricial. No entanto, o tecido cicatricial nunca é tão resistente como o tecido original[22].

Tabela 1.2: As fases do processo de cicatrização da ferida

Fase de cura	Dia após a lesão	Célula envolvida na fase
Hemostática e inflamação	1-4 dias	Plaquetas e neutrófilos
Proliferação	4-21 dias	Macrófagos e linfócitos; Angiócitos e neurócitos
Remodelação e contratura	2-21 dias	Fibrócitos, fibroblastos e queratinócitos

A compreensão dos processos fundamentais da cicatrização de feridas deverá conduzir à criação de pensos melhorados. Os factores que influenciam a cicatrização de feridas, incluindo a humidade na superfície da ferida, a pressão parcial de oxigénio (PO2) e o pH do fluido da ferida. O funcionamento da célula na ferida será discutido em mais pormenor abaixo[19,23] .

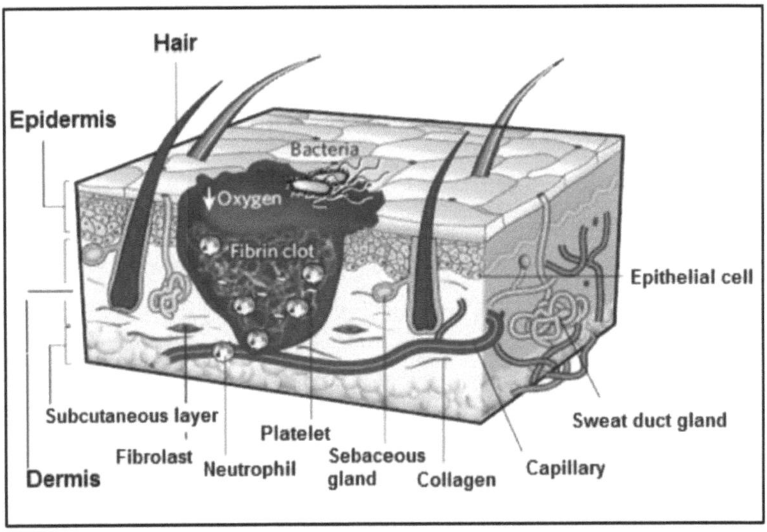

Figura 1.2: Fase de inflamação (exsudação de células e substâncias químicas que causam o inchaço e a dor)

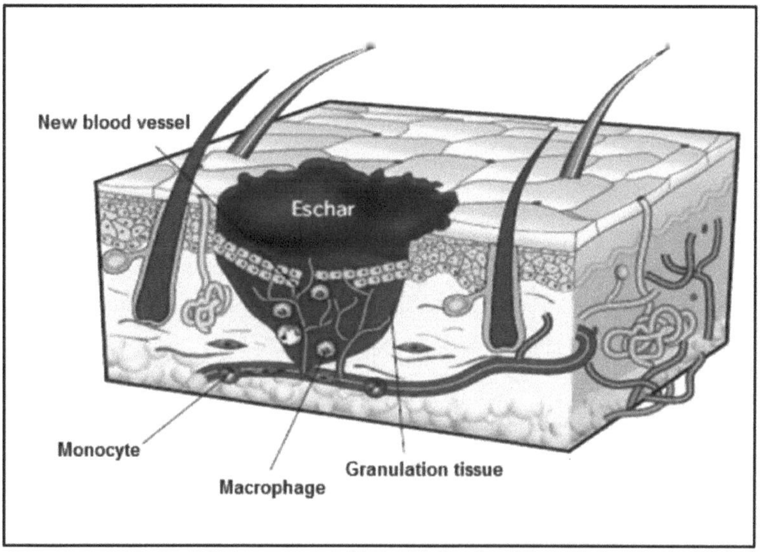

Figura 1.3: Fase de formação de novos tecidos (pode observar-se a formação de uma rede de células ou a acumulação de matriz)

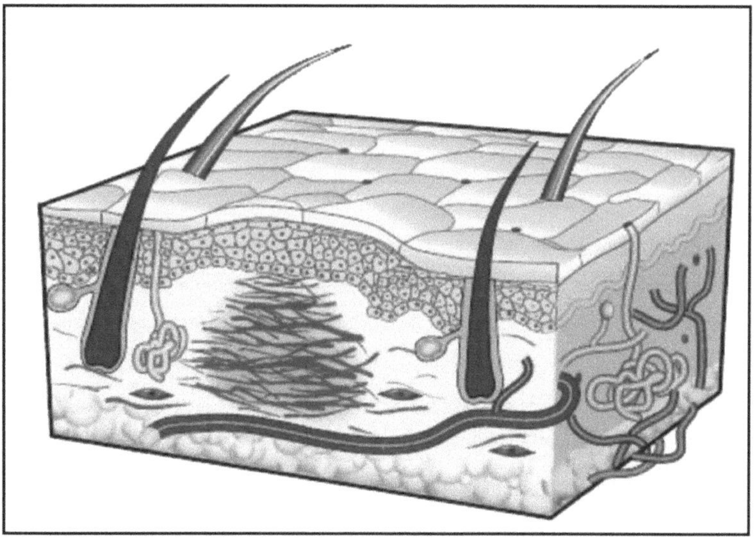

Figura 1.4: Fase de remodelação (pode ver-se o colagénio mais bem organizado nesta fase)

1.5.2. Factores que influenciam a cicatrização de feridas

1.5.2.1. Efeito da humidade

No processo de cicatrização, as feridas necessitam de uma camada húmida para ajudar os movimentos celulares que estão envolvidos no processo de cicatrização. Em contrapartida, a pele seca dificulta o movimento das chamadas epidermes e prolonga a cicatrização das feridas[15, 24-28]. Muitos pensos que retêm a humidade apoiam este processo. No entanto, nos casos de úlceras de perna e de zonas dadoras, as feridas produzem até 5200 g/m2 por dia de exsudado líquido. O excesso de fluido nas feridas é considerado como a principal razão para a infeção da ferida e para a desidratação do tecido[15,30]. Nestas situações, os pensos para feridas devem proporcionar uma percentagem adequada de humidade no local da ferida para promover a cicatrização da ferida e transferir o excesso de exsudado para fora do local da ferida para proteger a ferida de infecções. Por conseguinte, a avaliação da ferida é muito importante para escolher o penso correto para a ferida. Por exemplo, no caso de uma ferida com muito exsudado, deve ser utilizado um absorvente de exsudado para manter o leito da ferida húmido e para proteger as feridas da maceração. Este tipo de penso retentor de humidade pode ser colocado nas feridas durante 24 horas e, em alguns casos, tal como um penso composto[15] e hidrocolóides,[30] podem permanecer no local durante 2 a 7 dias[31].

1.5.2.2. Efeito do oxigénio

O oxigénio é o fator mais importante em todo o processo de cicatrização de feridas. Muitas observações clínicas, fortemente apoiadas por provas experimentais em animais, levaram à conclusão de que o oxigénio está envolvido em muitos processos associados à cicatrização de feridas. Em primeiro lugar, o oxigénio é um nutriente vital para o metabolismo celular (o processo de manutenção da vida), particularmente no fornecimento de energia para a função celular adequada e para a síntese de proteínas[32,33]. A revascularização é um processo de restabelecimento da funcionalidade de um órgão infetado (a pele, no nosso caso) em que os vasos sanguíneos crescem nas feridas. Muito tem sido publicado recentemente[32-40] sobre a relação entre o crescimento de novos vasos sanguíneos no local da ferida e a tensão de oxigénio. G. Majno et al,[35] estudaram a tensão de oxigénio ou a pressão parcial de O_2, de ratos normais e feridos, utilizando o instrumento de microcátodos de oxigénio de vidro antimónio. Os dados mostram que foi indicada uma baixa tensão de oxigénio no centro da ferida em comparação com os bordos e os tecidos normais circundantes. O nível mais elevado de oxigénio nos bordos indica que os tecidos em crescimento são dependentes do oxigénio. A síntese de colagénio, um passo fundamental no processo de reparação de feridas que fornece a matriz para a remodelação dos tecidos, tem muitos passos pós-traducionais que dependem principalmente da presença de oxigénio. Especificamente, a prolil-hidroxilase, a lisil oxidase e a lisil hidroxilase são as principais enzimas necessárias para converter a prolina em hidroxiprolina, o que permite que as cadeias de procolagénio tenham a sua configuração em hélice. Uma vez criada esta última, as fibras de colagénio são dispostas em fibrilas lineares e suportadas por ligações cruzadas. Todos estes processos dependem basicamente da presença de O_2 no microambiente da ferida. Como resultado de um estudo experimental,[38,41,42] foi determinada uma pressão parcial de O_2 de 20-25 mmHg como necessária para a síntese de colagénio. Regista-se uma maior resistência à tração do colagénio depositado com o aumento da oxigenação da ferida, mas isto também leva a um aumento da formação de cicatrizes. O efeito do oxigénio na prevenção da invasão microbiana do local da ferida durante o processo de reparação é uma questão fundamental para a proteção contra os micróbios. A infeção microbiana das feridas atrasa significativamente o processo de cicatrização e causa consequências gravemente prejudiciais, uma vez que a ferida tem de ser constantemente limpa. Para compreender como o oxigénio evita a infeção no local da ferida, deve ser considerado um breve mecanismo. Thomas Hunt et al. referiram que cada célula no microambiente da ferida está equipada com uma enzima especializada para converter O_2 em espécies reactivas de oxigénio (ROS), conforme ilustrado na Figura 1.5[17,32-40].

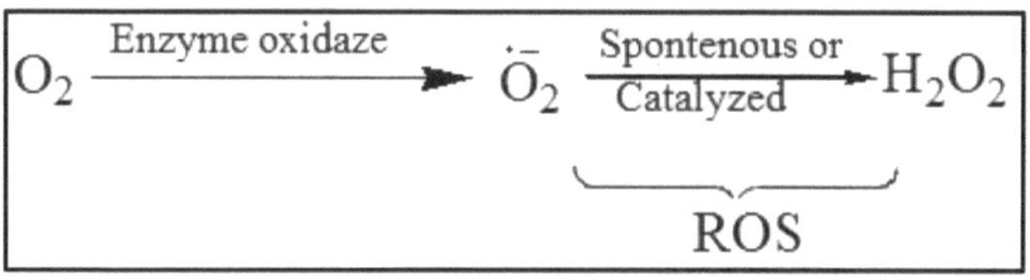

Figura 1.5: Processo de ativação do oxigénio no local da ferida através de enzimas oxidase

Na cicatrização de feridas, uma vez iniciada a coagulação do sangue, as enzimas começam a produzir ROS no local da ferida num processo de explosão respiratória (a principal defesa contra a infeção da ferida), em que o corpo se protege naturalmente. Foram efectuados muitos estudos experimentais em animais que apoiam fortemente a conclusão de que a cicatrização de feridas é atrasada em condições de hipoxia (falta de O2). T. A. Ahn et al.,[38] num estudo comparativo, avaliaram o impacto do nível de oxigénio na cicatrização de feridas. As úlceras auriculares de coelhos jovens e idosos mostraram um grande atraso com tensões de oxigénio de 5 a 20 mmHg, em comparação com os valores do tecido de controlo (30-50 mmHg).

1.5.3. Pensos para feridas

O penso para feridas pode ser considerado como um meio médico de limpeza e proteção de feridas, a fim de facilitar e acelerar o processo de cicatrização. Os produtos para a cobertura de feridas devem proporcionar as condições ideais para a cicatrização de feridas, que tem muitos aspectos diversos e inter-relacionados. A obtenção desta condição tem sido abordada através da utilização de produtos passivos ou interactivos.

Os produtos passivos que protegem e cobrem as feridas têm uma utilização limitada, uma vez que prejudicam a cicatrização ao secarem a ferida ou ao aderirem à superfície da ferida. Esses produtos são feitos de gazes convencionais (os produtos à base de fios consistem em rayon de viscose, algodão ou poliéster); pensos de tule com parafina, produtos sem parafina e sem tule e/ou uma combinação de todos eles. A principal desvantagem dos produtos passivos é o facto de o penso se colar à ferida, resultando em traumatismo aquando da sua remoção. Neste momento, o foco principal está nos pensos interactivos (biomateriais de terceira geração)

(43,44). Os pensos interactivos para feridas, que incluem a utilização de agentes antimicrobianos, alginatos, hidrocolóides, materiais de colagénio e compostos de matriz extracelular (MEC), foram concebidos para criar um ambiente ideal para a cicatrização de feridas, fornecendo substâncias que estimulam o processo de cicatrização. Por conseguinte, não existe qualquer intenção de aprofundar a discussão sobre os pensos passivos(45). Existem inúmeros relatórios que descrevem as propriedades, caraterísticas estruturais e aplicações de cada técnica. O tempo demonstrou que cada técnica tem a sua própria forma de promover o processo de cicatrização de feridas e tem algumas vantagens e desvantagens em relação às outras, como será analisado abaixo.

1.5.3.1. Pensos húmidos para cicatrização de feridas

O controlo da humidade é um dos principais factores que afectam o processo de cicatrização de feridas, quer se trate de feridas agudas ou crónicas, conforme referido anteriormente. Ferida húmida não significa que a ferida esteja totalmente coberta por exsudados, mas refere-se à manutenção do nível de humidade para a fase de epitelização. Ao longo dos anos, foram desenvolvidas literalmente centenas de pensos húmidos, dos quais um grande número foi comercializado. Apenas alguns dos mais importantes são discutidos abaixo.

As películas foram um dos principais desenvolvimentos na cicatrização de feridas. Geralmente, as películas consistem em folhas de plástico estéril de poliuretano revestidas com um biomaterial adesivo à volta do bordo e são normalmente utilizadas como cobertura transparente de feridas. As películas são basicamente impermeáveis a fluidos e bactérias, mas são permeáveis ao ar e ao vapor de água. Além disso, a superfície externa, que é escorregadia, pode evitar pressões indesejadas nas feridas, resultantes de cisalhamento e fricção. As películas são indicadas para serem utilizadas em feridas superficiais secas ou ligeiramente húmidas(15,46,47). A principal desvantagem das películas é o facto de não conseguirem lidar com grandes quantidades de exsudados, que podem causar maceração da pele em redor do leito da ferida.

As espumas são normalmente feitas de poliuretano ou silicone. A principal função das espumas é transmitir vapor de humidade e oxigénio e proporcionar isolamento térmico ao local da ferida. As espumas de silicone são compostas por dois líquidos que, quando misturados, formam uma espuma que se expande para se adaptar à forma da ferida. A estrutura porosa da espuma tem a capacidade de conter mais exsudados. Consequentemente, as espumas podem ser amplamente utilizadas em feridas que incluem as que têm taxas de exsudado ligeiras, moderadas ou elevadas. Para satisfazer as condições de cicatrização das feridas, os pensos de espuma são constituídos por duas ou três camadas, incluindo uma camada hidrofílica para adsorção e uma camada de suporte hidrofóbica[(15,46)] .

A atividade antimicrobiana da prata é conhecida desde que foi utilizada pelos romanos para a purificação da água. [th]No século XIX, foi referido que uma solução de nitrato de prata inibia eficazmente o crescimento de bactérias gram-positivas e gram-negativas. Nos últimos anos, foi revelado que os iões de prata actuam contra as bactérias de várias formas; a prata iónica (Ag^+) ou o seu óxido (AgO) interrompem a replicação do ADN nas bactérias, provocando um aumento da osmose[(48, 49)] ; os iões de prata interagem com os grupos tiol das enzimas e proteínas que são importantes para a respiração bacteriana e também os iões de prata ligam-se à parede celular bacteriana, alterando a função da membrana da parede[(18)] . De um modo geral, para introduzir a prata no penso, as nanopartículas de prata foram impregnadas por imersão em soluções de nitrato de prata, seguindo-se a redução química da prata[(49)] .

1.6. Têxteis e nanotecnologias

1.6.1. Nanotecnologia

A nanotecnologia é uma ferramenta inovadora para o fabrico de materiais com dimensões inferiores a 100 nanómetros (um nanómetro = 10^{-9} metros)[(50)] . Existem diferentes abordagens para a classificação dos nanomateriais, como a dimensão (1, 2 ou 3 dimensões < 100 nm), a composição das fases (fase única, sólidos ou sistemas multifásicos), bem como o processo de fabrico (reação em fase gasosa ou líquida, procedimentos mecânicos)[(50-52)] . As principais classes de estruturas à escala nanométrica são: nanopartículas, por exemplo, nano-óxidos metálicos, nano-fios ou tubos, por exemplo, nano-tubos de carbono, nano-camadas e nano-poros, por exemplo, aerogel. Podem ser utilizados processos descendentes e ascendentes para o fabrico de nanoestruturas, ver Figura (1.6).

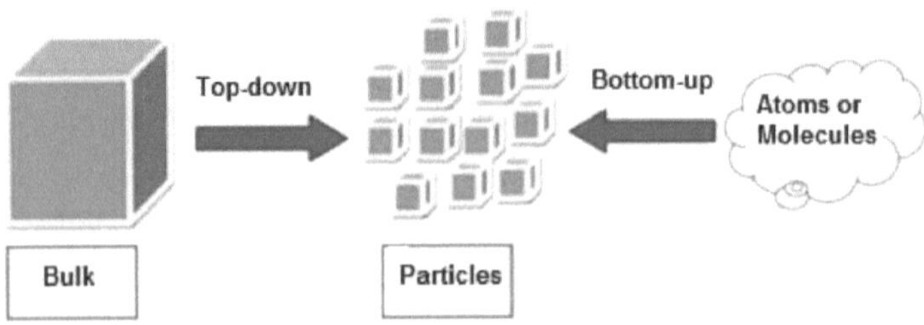

Figura 1.6: Duas abordagens básicas à produção de nanopartículas: top-down (da esquerda para a direita) e bottom-up (da direita para cima) [53]

Os materiais nano-estruturados de base inorgânica podem ser classificados em dois grupos principais, nomeadamente: i) nanopartículas inorgânicas e seus nanocompósitos, por exemplo, nanopartículas de TiO_2, Al_2O_3, ZnO, Ag, Cu, nano tubos de carbono, nano camadas de argila e seus nano compósitos e ii) suportes orgânicos nano-estruturados inorgânicos carregados, por exemplo, ciclodextrina carregada com ou nano e microcápsulas com nanopartículas inorgânicas[54] . Atualmente, a nanotecnologia tornou-se uma das tecnologias emergentes mais importantes na indústria têxtil por muitas razões, tais como: maior eficácia, menor consumo e custo de água/energia/produtos químicos, menos alterações nas propriedades físico-mecânicas dos têxteis tratados, melhor qualidade, funcionalidade e durabilidade de propriedades importantes e, o mais importante, menor impacto ambiental[52] .

1.6.2. Nanotecnologia no acabamento de têxteis

Com o aumento da utilização de têxteis de alto desempenho e a crescente preocupação com questões ambientais e ecológicas, a necessidade urgente de tecnologias de acabamento inovadoras, por exemplo, a nanotecnologia, para conferir as propriedades funcionais exigidas e para lidar com a necessidade de produtos têxteis revolucionários para enfrentar os grandes desafios no mercado global sem afetar negativamente o ambiente, tem crescido em conformidade. As propriedades funcionais conferidas aos produtos têxteis são determinadas por: tipo de substrato, formulação de acabamento, técnica de acabamento, equipamento disponível e requisitos de desempenho, bem como aspectos económicos e ecológicos. A onda da nanotecnologia mostrou um grande potencial no acabamento têxtil para melhorar os desempenhos têxteis existentes, bem como para desenvolver e transmitir funções extraordinárias, tais como propriedades antimicrobianas, de proteção UV, repelência de óleo e água, manutenção da respirabilidade do tecido, funcionalidade retardadora de chama e propriedades de auto-limpeza[50] .

1.6.2.1. Acabamento antibacteriano

1.6.2.2. Necessidade de acabamentos antibacterianos

O crescimento de microrganismos nos têxteis, especialmente nos têxteis à base de fibras naturais, pode ser discutido em termos de uma grande área de superfície recetiva juntamente com a disponibilidade de condições adequadas para o crescimento, ou seja, temperatura, oxigénio, humidade e nutrientes(55). O crescimento de microrganismos tem efeitos negativos não só nos têxteis mas também no utilizador (no caso do vestuário), uma vez que resulta na biodegradação dos materiais têxteis e na sua disseminação como um risco para a saúde.

1.6.2.3. Requisitos para acabamentos antibacterianos

Um acabamento antimicrobiano eficaz deve ser: de ação rápida para ser eficaz, capaz de matar ou parar o crescimento de microrganismos, tem de ser resistente à lavagem ou à limpeza a seco, compatível com outros ingredientes na formulação do acabamento, ter impactos mínimos no ambiente e na qualidade do produto, ser fácil de aplicar para critérios de baixo custo e baixa toxicidade(56).

1.6.2.4. Mecanismo dos acabamentos antibacterianos

Os produtos antimicrobianos podem ser classificados em: i) bacteriostáticos, ou seja, que impedem o crescimento e a propagação de micróbios, e ii) bactericidas, ou seja, que matam efetivamente os micróbios. Um biocida eficaz deve atingir e interagir com os seus locais-alvo microbianos. Os mecanismos de ação bacteriostática dos acabamentos antimicrobianos incluem a prevenção da produção celular, o bloqueio de enzimas, a danificação da membrana celular e/ou a destruição da parede celular e o envenenamento da célula a partir do seu interior(50). A eficácia antimicrobiana das formulações de biocidas varia muito entre os diferentes tipos de microrganismos. A resistência à desinfeção segue a ordem decrescente: Mycobacterium > Bactérias Gram negativas > Bactérias Gram positivas.

1.6.2.5. Acabamentos antibacterianos e o seu efeito

A química de alguns acabamentos antimicrobianos, bem como o seu modo de ação, podem ser resumidos da seguinte forma(55):

- Agentes oxidantes como aldeídos, halogéneos e compostos peróxidos, estes compostos podem atacar a membrana celular, chegar ao citoplasma e alterar/inativar as enzimas do microrganismo.
- Os produtos naturais à base de plantas podem ser utilizados para acabamentos antimicrobianos.
- O quitosano é um agente antimicrobiano natural eficaz derivado da quitina, um componente importante das carapaças dos crustáceos.

- Formadores de radicais como os halogéneos, as isotiazonas e os compostos peroxo; estes são fontes de risco para os ácidos nucleicos, uma vez que são muito reactivos (também a baixo nível de concentração) devido à presença de electrões livres.

- Os compostos metálicos complexantes à base de metais como o cádmio, a prata, o cobre e o mercúrio provocam a inibição do metabolismo.

- Produtos de triclosan 5-cloro-2-(2,4-dicloro-fenoxil) fenol. O triclosan inibe o crescimento de microrganismos ao penetrar e perturbar as suas células.

- Compostos de amónio quaternário (propriedades policátionicas). Os tecidos acabados com estas substâncias conduzem finalmente à degradação da célula.

1.7. Hialuronano

O ácido hialurónico (HA), também designado hialuronano (sob a forma de sal), é um polímero biodegradável de elevado peso molecular (10 -10^{57} Da) que ocorre naturalmente. O AH é um glicosaminoglicano não ramificado e não sulfatado (GAG) composto por dissacáridos repetidos (ácido β-1,4-D-glucurónico (conhecido como ácido urónico) e β-1,*3-N-acetil-D-glucosamida*) (Figura 1.7)[57,58] . O AH pode incluir vários milhares de moléculas de açúcar na espinha dorsal. O AH é um polianião que se pode auto-associar e que também pode ligar moléculas de água (quando não está ligado a outras moléculas), o que lhe confere uma qualidade rígida e viscosa semelhante à "gelatina"[59] .

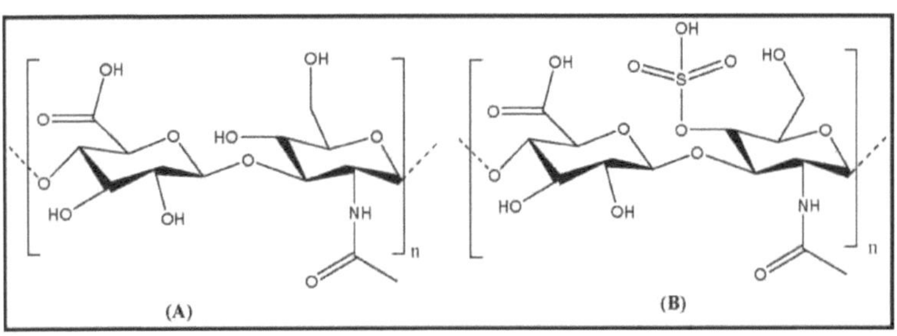

Figura 1.7: Estrutura química de dois glicosaminoglicanos (GAGs) constituídos por repetições dissacáridas de N-acetilglucosamina e ácido glucurónico. **(A):** Ácido hialurónico (HA); **(B):** Sulfato de condroitina (CS)

O ácido hialurónico é um dos principais elementos da matriz extracelular (MEC) dos tecidos dos vertebrados. Encontra-se em quase todos os fluidos e tecidos corporais, como o líquido sinovial, o humor vítreo do olho e a cartilagem hialina (Tabela 1.3)[61-63] . Este biopolímero funciona como um andaime, ligando outras moléculas da matriz, incluindo o aggrecan[58] . Está também envolvido em várias funções biológicas importantes, como a regulação da adesão e da motilidade celulares, a manipulação da diferenciação e proliferação celulares e o fornecimento de propriedades biomecânicas dos tecidos[61]. Vários receptores de superfície celular, como o CD44, RHAMM e ICAM-1, interagem com o HA, influenciando os processos celulares, incluindo a morfogénese, a reparação de feridas, a inflamação e as metástases[64-67]. Além disso, o AH é responsável por suportar a viscoelasticidade dos biofluidos (líquido sinovial e humor vítreo do olho) e controlar a hidratação dos tecidos e o transporte de água[59]. Além disso, o AH foi encontrado durante o desenvolvimento embrionário, o que sugere que os materiais compostos por AH podem criar condições favoráveis para a regeneração e o crescimento dos tecidos (Quadro 1.3)[68-72].

Quadro 1.3: Exemplos de tecidos/fluidos corporais que contêm HA foi regenerado com autorização [58,73]

Tecido ou fluido corporal	Concentração ((-g/g: fi'g/g)	Observações
Cordão umbilical	4100	HA primário de elevado peso molecular
Líquido articular (sinovial)	1400-3600	A diminuição da concentração de AH ocorre devido ao aumento do volume do líquido sinovial em condições inflamatórias
Corpo vítreo	140-500	Durante a maturação dos tecidos, a concentração de HA aumenta
Cartilagem	-	O HA funciona como um suporte para a ligação de outras moléculas da matriz, como o aggrecan
Derme	200-500	O HA é utilizado como agente rejuvenescedor em dermatologia cosmética
Epiderme	100	Foi observada uma concentração elevada de HA à volta das células que sintetizavam a derme
Linfa torácica	0.2-50	O peso molecular do AH afecta a resposta inflamatória e a ligação celular.

As caraterísticas do AH, incluindo a sua consistência, biocompatibilidade e hidrofilicidade, tornaram-no um excelente hidratante em produtos cosméticos dermatológicos e de cuidados da pele[59]. Além disso, a sua viscoelasticidade única e imunogenicidade limitada levaram-no a ser utilizado em várias aplicações biomédicas, como a suplementação viscosa no tratamento da osteoartrite, como auxiliar cirúrgico em oftalmologia e para a regeneração de feridas cirúrgicas em dermatologia[59,60]. Além disso, o AH tem sido atualmente explorado como agente de administração de medicamentos por diferentes vias, como a nasal, pulmonar, oftálmica, tópica e parentérica[59,74].

1.7.1. Propriedades do hialuronano

1.7.1.1. Propriedades químicas do hialuronano

Estudos estruturais demonstraram que as duas moléculas de açúcar, o ácido D-glucurónico e a D-N-acetilglucosamina, na estrutura dissacarídica do AH estão ligadas entre si através de ligações glicosídicas alternativas β-1,4 e β-1,3 (Figura 1-7 a)(58,59) . A espinha dorsal do ácido hialurónico é endurecida em solução fisiológica através de uma combinação de ligações de hidrogénio internas, interações com solventes e a estrutura química do dissacarídeo. As investigações moleculares do AH sugerem que os átomos de hidrogénio axiais formam uma face não polar (relativamente hidrofóbica) e as cadeias laterais equatoriais formam uma face mais polar (hidrofílica), o que conduziu a uma estrutura de fita torcida para o AH, denominada estrutura enrolada(59) . As caraterísticas estruturais do HA dependem desta estrutura enrolada aleatória em solução. Em concentrações muito baixas, as cadeias emaranham-se umas nas outras, conduzindo a uma viscosidade ligeira (dependente do peso molecular). Por outro lado, as soluções de HA em concentrações mais elevadas têm uma viscosidade superior à esperada devido a um maior emaranhamento das cadeias de HA que depende do cisalhamento. Por exemplo, uma solução a 1% de HA de elevado peso molecular (Mw >~1000 kDa) pode comportar-se como uma geleia, mas quando é aplicada uma tensão de cisalhamento, dilui-se facilmente e pode ser administrada através de uma agulha fina(59) . Como tal, a HA é conhecida como um material "pseudo-plástico". Esta propriedade reológica (dependente da concentração e do peso molecular) das soluções de HA tornou-a ideal para a lubrificação em aplicações biomédicas(59) .

Para além da viscosidade única do AH, a viscoelasticidade é outra caraterística do AH resultante do emaranhamento e da auto-associação de bobinas aleatórias de AH em solução(58) . Foi sugerido que a auto-associação molecular da HA ocorre através da formação de hélices duplas anti-paralelas, feixes e cordas. Outras experiências verificaram que a associação de cadeias de HA ocorre em solução. Além disso, os estudos propuseram que a ligação de hidrogénio entre sacarídeos adjacentes ocorria juntamente com a repulsão eletrostática mútua entre grupos carboxilo, endurecendo assim o AH(59, 72,75) . A viscoelasticidade do AH pode estar ligada a estas interações moleculares, que também dependem da concentração e do peso molecular. Os efeitos electrostáticos e iónicos no AH foram avaliados em função do tipo e da valência do contra-ião. Os estudos sugerem que estes afectam grandemente as propriedades reológicas e hidrodinâmicas do AH. Num estudo, o efeito das interações electrostáticas e iónicas foi investigado através da comparação das propriedades da solução de HA em água desionizada (D.I.), NaCl 0,5 M e NaOH 0,5 M. Este estudo mostrou que as propriedades da solução afectam a ligação de hidrogénio e a interação eletrostática entre a solução e o HA, resultando numa alteração da rigidez da cadeia de HA(58,76) . Além disso, verificou-se que o raio hidrodinâmico do HA era maior em água D.I. do que em NaCl 0,5 M ou NaOH 0,5 M (água D.I. > NaCl 0,5 M >

NaOH 0,5 M)[58] .

1.7.1.2. Propriedades biológicas do hialuronano

Como já foi referido, o ácido hialurónico desempenha várias funções estruturais na matriz extracelular (MEC), uma vez que se liga às células e a outros componentes biológicos através de interações específicas e não específicas. Várias proteínas da matriz extracelular são estabilizadas quando se ligam ao AH. As moléculas e os receptores específicos que interagem com o AH estão envolvidos na transdução de sinais celulares; moléculas como o aggrecan, o versican e o neurocan e receptores como o CD44, o RHAMM, o TSG6, o GHAP e o LYVE-1 são exemplos de componentes celulares que se ligam ao AH[59] . Entre estes receptores, o CD44 e o RHAMM parecem ter recebido mais atenção, uma vez que se verificou que estão envolvidos em metástases de cancro[59,77-79] . O CD44 é uma glicoproteína de superfície celular estruturalmente variável e multifuncional na maioria dos tipos de células e é talvez o recetor de HA trans-membranar mais bem caracterizado até à data. Devido à sua ampla distribuição e com base nos conhecimentos actuais, o CD44 é considerado o principal recetor de AH na maioria dos tipos de células[59,80] . O ácido hialurónico também estimula a expressão genética em macrófagos, células endoteliais, eosinófilos e determinadas células epiteliais. O HA de elevado peso molecular não parece estar envolvido na expressão genética e apenas o HA de peso molecular baixo/intermédio (2×10^4 - $4{,}5\times10^5$ Da) é conhecido por promover a expressão genética[59,81,82] . A título de exemplo, sabe-se que o HA tem um papel importante na cicatrização de feridas e na formação de cicatrizes. Os produtos da degradação do AH (AH de baixo peso molecular) são identificados como contribuindo para o processo de formação de cicatrizes. Além disso, a formação de cicatrizes foi minimizada quando o AH de elevado peso molecular foi encontrado no fluido da ferida durante a cicatrização de feridas fetais. Estes resultados sugerem que o peso molecular do AH desempenha um papel significativo na cicatrização de feridas e na formação de cicatrizes. As descobertas também sugeriram que o AH de elevado peso molecular favorecia a quiescência celular e apoiava a integridade dos tecidos, ao passo que a produção de fragmentos de AH assinalava uma lesão e iniciava a resposta inflamatória[58, 59,83] .

1.7.1.3. Síntese do hialuronano

O ácido hialurónico é um polímero natural sintetizado biologicamente pelas células do corpo através de um processo enzimático. A produção de HA é um processo único, altamente controlado e contínuo, no qual o HA é produzido e segregado por fibroblastos, queratinócitos ou condrócitos. A rede de Golgi é o local de produção da maioria dos glicosaminoglicanos. Em tecidos como a pele e a cartilagem, onde o AH compreende uma grande parte da massa do tecido, o nível de síntese de AH é muito elevado. O AH é sintetizado naturalmente por hialuronano sintases (HAS1, HAS2 e HAS3), uma classe de proteínas integrais de membrana[59,84] . Na produção de HA pelas enzimas hialuronano sintase, são produzidos grandes polímeros lineares de unidades dissacáridas repetidas. O mecanismo de síntese do AH envolve a extensão da cadeia através da adição de um monossacárido (adição alternada de ácido glucurónico e N-acetilglucosamina) à extremidade redutora da cadeia[58] . O número de dissacáridos repetidos numa molécula de HA completa pode atingir 10.000 ou mais e um peso molecular de cerca de 4 milhões de Daltons (o peso molecular de cada dissacárido é de cerca de 400 Daltons). Uma vez que o comprimento médio de um dissacárido é de cerca de 1 nm, uma molécula de HA com 10 000 repetições pode estender-se 10 μm se for esticada de ponta a ponta (aproximadamente igual ao diâmetro de um eritrócito humano)[59,85] .

1.7.2. Aplicações biomédicas do hialuronano

1.7.2.1. Aplicação do hialuronano na engenharia de tecidos

Uma vez que o ácido hialurónico é um dos principais componentes dos tecidos do corpo, o seu potencial para aplicações de engenharia de tecidos tem sido muito elogiado. O ácido hialurónico é altamente solúvel à temperatura ambiente e tem uma elevada taxa de eliminação e de renovação, dependendo do seu peso molecular e da sua localização no corpo. Cada uma destas propriedades pode constituir uma barreira para o fabrico de andaimes de HA e para a sua integridade estrutural. Para ultrapassar estas limitações, foi proposta a reticulação do ácido hialurónico[60,89,90] . Atualmente, a reticulação de carbodiimida solúvel em água[91] , a reticulação de hadrazida polivalente[92] , a reticulação de divinilsulfona[93] , a reticulação de dissulfureto[94] e a fotocruzação de hidrogéis através da conjugação de glicidil metacrilato-HA[95] foram introduzidas para aplicações de engenharia de tecidos do AH. A reticulação química da HA permite combinar as propriedades biológicas e mecânicas desejáveis, mesmo para a engenharia de tecidos ósseos ou de cartilagem[60,89] . Além disso, a reticulação prolonga o processo de degradação do AH in vivo e proporciona uma estabilidade a longo prazo. A reticulação do AH em várias densidades tem sido utilizada para múltiplas aplicações, incluindo ortopedia, medicina cardiovascular e dermatologia[89] .

Os estudos sugeriram resultados positivos para o crescimento celular em redes de HA foto-reticuladas incorporadas com condrócitos. Os condrócitos dentro do hidrogel de HA mantiveram a viabilidade e foram capazes de gerar cartilagem dentro da rede porosa[89,96] . Este tipo de fotopolimerização também foi utilizado em aplicações de válvulas cardíacas para imitar o desenvolvimento de válvulas cardíacas[77] . A HA também foi combinada com outros polímeros, como o polipirrol, para desenvolver copolímeros multifuncionais. A HA funcionalizada com polipirrol é eletronicamente condutora e suporta o crescimento celular. Esta copolimerização poderá ter potencial para aplicações de engenharia de tecidos[97,98] . Os derivados benzílicos da HA são outra categoria de suportes poliméricos utilizados na engenharia de tecidos da cartilagem com taxas de degradação previsíveis. Estudos sobre estes derivados sugeriram o potencial dos ésteres benzílicos de HA como suporte de entrega para condrócitos na engenharia de tecidos de cartilagem[89,99] . Uma vez que a HA é um polímero natural biocompatível, o desenvolvimento de estruturas à base de HA parece ser adequado para superfícies em contacto com o sangue. Por exemplo, a HA reticulada com divinilsulfona (DVS) na presença de luz ultravioleta foi sugerida para desenvolver superfícies "não activadoras" para a adesão celular na engenharia de tecidos de válvulas cardíacas[89, 96, 97] . Os hidrogéis de HA auto reticulados e reticulados in situ são outra categoria de reticulação utilizada na engenharia de tecidos. A necessidade de implantação cirúrgica é a principal limitação da maioria dos suportes utilizados na engenharia de tecidos. A aplicação de HA que se reticula após a injeção foi introduzida por três razões principais. Em primeiro lugar, a HA injetável pode ser preenchida em qualquer forma desejável e reticulada in situ. Em segundo lugar, o AH reticulável pode aderir ao tecido nativo, resultando num bloqueio mecânico ou químico e numa interface coesa entre o tecido e o andaime. Em terceiro lugar, podem ser utilizados métodos de injeção e laparoscópicos para reduzir a invasividade do procedimento cirúrgico[97,100,102] .

Os estudos demonstraram que o hidrogel de HA reticulado in situ utilizando a di-hidrazida do ácido adípico e a química do aldeído podia formar um hidrogel flexível in situ após a mistura[103] . Noutro estudo, as nanopartículas de poli (ácido lático-coglicólico) foram misturadas com HA de química semelhante para desenvolver um sistema reticulável in situ com potencial de administração de medicamentos. Embora se tenha demonstrado que esta reticulação in situ forma hidrogéis flexíveis com propriedades mecânicas razoáveis, a toxicidade potencial das reacções utilizadas nestas técnicas continua a ser uma questão importante a considerar[104] .

1.8. Quitina e quitosano

A quitina e o quitosano têm sido investigados exaustivamente para diferentes aplicações, incluindo médicas, farmacêuticas, têxteis, cosméticas, quimioterapia, cicatrização de feridas, pensos para feridas, entrega de genes, engenharia de tecidos e imobilização de enzimas. A quitina é o composto orgânico com azoto mais abundante na natureza e é o segundo polissacárido mais disponível a seguir à celulose[105] . A quitina é um polímero linear composto por unidades de N-acetilglucosamina (NAG) ligadas a β (1,4), que formam uma configuração α-helicoidal tridimensional estabilizada por ligações de hidrogénio intramoleculares[106,107] . As principais fontes de produção de quitina são as cutículas dos crustáceos, especialmente as carapaças do camarão e do caranguejo e outros subprodutos da indústria alimentar, e os exosqueletos dos cefalópodes[108] . A quitina é extraída por desmineralização e desproteinização de conchas de crustáceos, utilizando soluções altamente concentradas de hidróxido de sódio a alta temperatura (fig. 1.8 A). A quitosana, o copolímero de polissacáridos aminados de 1,4 D-glucosamina e N-acetilglucosamina (figura 1.8 B),[109] é derivada da quitina por desacetilação alcalina[110,111] ou enzimática[112] . Por conseguinte, a quitina e o quitosano são essencialmente o mesmo polímero, mas com graus de desacetilação (DD) arbitrariamente definidos. Geralmente, se o DD for superior a 40 %, é utilizado o termo quitosano. Embora a quitina e o quitosano estejam ausentes nos mamíferos, algumas enzimas dos mamíferos, como as lisozimas, podem hidrolisá-los.

As lisozimas são enzimas proteolíticas não específicas que se encontram em concentrações de 4-13 mg/l no soro e 450-1230 mg/ml nas lágrimas(113). O processo de biodegradação do quitosano depende de dois factores principais: a DD e a distribuição das unidades NAG. Este facto foi elucidado nos trabalhos de Lee et al. que demonstraram que a biodegradação diminui drasticamente quando a DD é superior a 70 %,(114) e Aiba et al. que descobriram que os quitosanos com unidades NAG distribuídas aleatoriamente são menos susceptíveis à degradação lisozímica do que os quitosanos com blocos repetidos de três unidades NAG consecutivas(115). A cinética de hidrólise in vitro do quitosano por lisozimas segue a cinética típica de Michaelis-Menten, em que km e max são 15 µg /ml e $0,083\times10^{3}$ g/L/min, respetivamente(116). No entanto, a degradação in vivo do quitosano, que em teoria é paralela à taxa de regeneração dos tecidos, é variável. Tomihata et al. referiram que apenas 10% de uma película de quitosano foi degradada após 50 horas de exposição a lisozimas e que 80% do peso seco da película foi mantido após 12 semanas de implantação em ratos Wistar(117).

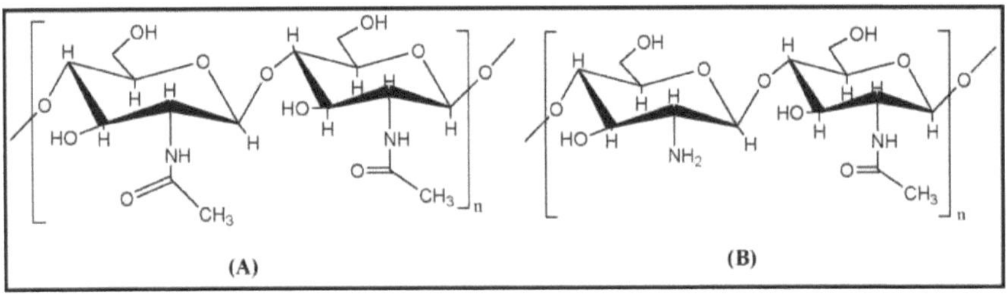

Figura 1.8: Estrutura molecular da quitina **(A)**; quitosano **(B)**

O quitosano apresenta muitas vantagens para o desenvolvimento de micro/nanopartículas, que podem ser utilizadas para a preparação de estruturas e para a administração de genes e medicamentos. A solubilidade do quitosano em soluções aquosas ácidas evita a necessidade de utilização de solventes orgânicos no fabrico de sistemas de partículas. Além disso, os grupos amino livres tornam-se protonados a valores de pH baixos, o que permite a formação de ligações cruzadas iónicas com aniões multivalentes. Além disso, o quitosano é mucoadesivo e também tem a capacidade de manter a libertação de agentes activos, como o fator de crescimento transformador-β1(118). O quitosano tem um potencial significativo para fins de regeneração de tecidos devido à sua biocompatibilidade, biodegradabilidade e bioreabsorvibilidade, para além da sua reatividade, tendo grupos amino e hidroxilo reactivos que podem ser modificados quimicamente. O quitosano também pode ser moldado em estruturas porosas com caraterísticas controláveis. Além disso, as superfícies de quitosano suportam a fixação e a subsequente proliferação e crescimento de diferentes tipos de células, o que tem sido atribuído à elevada densidade de carga catiónica do quitosano[119]. Além disso, o quitosano promove a produção do fator de crescimento transformador beta 1 (TGF-β1) e do fator de crescimento derivado das plaquetas (PDGF)[120] e mantém o fenótipo condrogénico[121].

Por exemplo, Lahiji et al. e outros demonstraram que os condrócitos semeados em superfícies de película de quitosano apresentavam uma morfologia esférica e expressavam colagénios aggrecans e de tipo II[122,123]. A terapia de regeneração do osso e da cartilagem é uma área em que o quitosano tem demonstrado ser um candidato atrativo. Por exemplo, o quitosano foi investigado como matriz de suporte para ossos[124] e como revestimento biocompatível para dispositivos de implantes ortopédicos e craniofaciais utilizando células mesenquimatosas palatinas[125]. O grande interesse no quitosano para a regeneração óssea deve-se à semelhança do quitosano com os GAG e à sua capacidade de interagir com componentes comuns do tecido conjuntivo, como o colagénio, para formar complexos insolúveis.

Referências

1. Rigby, A.J., Anand, S.C., & Horrock, A.R. Textile Materials for Medical and Healthcare Applications. J. Text, Inst. **1997**, 88, 83-93.

2. Vigo, T.L. Processamento e propriedades dos têxteis: Preparações, tingimento, acabamento e desempenho. Elsevier, Londres. **1994**, 479-482.

3. Seventekin, N., & Ucarci, O. The Damage Caused by Micro-organisms to Cotton Fabrics. J. Text. Inst. **1993**, 84, 304-313.

4.4.Siu, R.G.H. Microbial decomposition of cellulose, Reinhold publishing corpn, New York. **1951**, 378-179.

5. Lewin, M., & Sello, S.B. Functional finishes (Part A), Marcel Dekker, New York. **1983**, 221-229.

6. Maheshware, D.K., & Dubey, R.C., Saravanamurthu, R. Industrial exploitation of microorganism. Mercado de cinema Upharr, Nova Deli. **1997**, 129-163.

7. Vigo, T.L. Advances in antibacterial polymers and materials: biotechnology and bioactive polymers, Gebelein, C., Carraher. C., (Eds) Plenum press, Nova Iorque. **1994**, 225-237.

8. Kolander, C. In a silk workers notebook. Interweave press. Inc., Loveland, CO. **1985**, 15.

9. Mark, H. F., Bikales, N. M. Encyclopedia of polymer science and technology: plastics, resins, rubbers, fibers. Nova Iorque, interscience publishers. **1964**, 20-25.

10. Demir, A., & Behery, H.M. fios de filamentos sintéticos: Texturing Technology, prentice hall:

upper saddle river. **1997**, 16-19.

11. Chellamani, K. P., Basu, A., & Kumar, P. R. Current spinning process and future outlook. Asian Text J. **2003**, 12, 85-90.

12. Roark, M. k., & Studholme, M.B. Processo de fabrico de fios de poli (trimetilenotetraftalato). EP. **2000/6109015**.

13. Anne, F.F., & Robert, S.K. Wound Healing. New Work, Taylor & Francis group. **2005**.

14. Mao, N. & Russell, S.J. Pensos não tecidos para feridas. Textile Progress. **2004**, 36, 1-57.

15. Guillaume, C., Jean, C.G., Anne, D., Jean, L.R. & Anne, Z. Dressing for Acute and Chronic Wounds. Arch Dermatol, **2007**, 143, 1297-1304.

16. Lazarus, G.S., Cooper, D.M., Knighton, D.R., Margolis, D.J., Pecoraro, R.E., Rodeheaver, G. & Robson, M.C. Definições e diretrizes para a avaliação de feridas e avaliação da cicatrização. Arch. Dermatol.**1994**, 130, 489.

17. Gurtner, G.C., Werner, S., Barrandon, Y., & Longaker, M.T. Wound repair and regeneration. Nature. **2008**, 453, 314-321.

18. MacLeod, J. (ed). Davidsons Principles and Practice of Medicine, 13 Ed. Edimburgo, Reino Unido. **1981**, 590-592.

19. Maureen, B. Cicatrização e classificação de feridas, J. community nursing. **2007**, 21, 26-32.

20. Vowden, K., & Vowden, P. Preparação do leito da ferida. World Wide Wounds.**2002**, Revista online: http://www.worldwidewounds.com/2002/april/vowden/wound bedpreparation.html.

21. Waldrop, J., & Doughty, D. Wound healing-physiology. Em Bryant R. Acute and chronic wounds. Nursing Management. **2002**, (2nd Ed) Chap. 2:17-39. Mosby, Londres.

22. Dealey, C. The care of wounds: Um guia para enfermeiros. **2000**, Chap.1: 1-Blackwell Science, Oxford.

23. Howard, I.M. The effect of oclusive and semipermeable dressings on the cell kinetics of normal and wounded human epidermis (O efeito de pensos oclusivos e semipermeáveis na cinética celular da epiderme humana normal e ferida). Em Epidermal Wound Healing (editado por Howard, I.M. e David, T. Rovee, P.), Year Book Medic l Publishers, Chicago, IL, EUA. **1972,** 113-122.

24. Plackett, G. Actas da reunião do Comité Internacional de Gestão de Feridas. Adv. Wound Care. **1995**, 8, 42-61.

25. Wysocki, A B , & Staiano-Coic L e Grinnell F O fluido das feridas das úlceras crónicas das pernas contém níveis elevados de metaloproteinase MMP-2 e MMP-9 J Invest Dermatol **1993**,101,

64-68 .

26. Wysocki, A B O fluido da ferida e a patogénese das feridas crónicas J Wound, Ost Contin Nurs **1996**, 23, 283-290

27. Grinnell, F & Zhu, M F Identificação da elastase de neutrófilos como a proteinase no fluido da ferida de queimadura responsável pela degradação da fibronectina J Invest Dermatol **1994**, 103, 155-161

28. Philips, T Stanton, B Provan, A & Lew, R Um estudo do impacto das úlceras de perna na qualidade de vida: implicações financeiras, sociais e psicológicas J Amer Acad Dermatol **1994**, 31, 49-53

29. Anderson, I Questões práticas na gestão de feridas altamente exsudativas Prof Nurse **2002**, 18, 145-478

30. Kim, Y C Shin, J C Park, C , Oh, S H , Choi, S M , & Kim, Y S Efficacy of a hydrocolloid oclusive dressing technique in decubitus ulcer treatment: a comparative study Yonsei Med J **1996**, 37, 181-185

31. Motta, G J Dressed for success: Como os pensos que retêm a humidade promovem a cicatrização Nurs **1993**, 23, 26-33

32. Andrea, A T & Thomas, A M Oxigénio na cicatrização de feridas - mais do que um nutriente World J Surg **2004**, 28, 294-300

33. Paola, G R Frances, N F David, T W , & Elisabeth, K S O papel do oxigénio na cicatrização de feridas Dermatol Surg **2008**, 34, 1159 - 1169

34. Roger, S , & Harold, M S Measurements of oxygen in vivo: overview and perspectives on methods to measure oxygen within cells and tissues Antioxidants & Redox Signaling **2007**, 9, 1295-1301

35. John, P R , & Guido, M Gradientes de oxigénio na cicatrização de feridas Am J Pathol **1968**, 52, 301-323

36. Finn, G. O oxigénio na cicatrização de feridas e infecções. World J. Surg. **2004**, 28, 312-315.

37. Nadeem, K. Benjamin, B. W., Huagang, H., Hongbin, L., & Harold, M. S. Medições repetitivas de PO2 em tecidos por oximetria de ressonância paramagnética eletrónica: Estado atual e potencial futuro para estudos experimentais e clínicos. Antioxidants & Redox Signaling. **2007**, 9, 1169-1182.

38. Gayle, M. G., & Chandan, K. S. Revisitando o papel essencial do oxigénio na cicatrização de feridas. Am. J. Surg. **2003**, 186, 259-263.

39. JoAnne, D. W., & Sharon, P. The Effect of Early Postoperative Physical Activity on Tissue Oxygen and Wound Healing. Bio. Res. Nurs. **2004**, 6, 79-89.

40. Harriet, W. H. & Mark, D. R. Wounds: An overview of the role of oxygen. Antioxidants & Redox Signaling. **2007**, 9, 1183-1192.

41. Hutton, J., & Tappel, A., Udenfried, S. Cofator e requisitos de substrato da colagénio prolina hidroxilase. Arch. Biochem. Biophys. **1967**, 118, 231- 40.

42. Myllyla, R., Tuderman, L., & Kivirikko, K. Mecanismo da reação da prolil-hidroxlase. 2. Análise cinética da sequência de reação. Eur. J. Biochem. **1977**, 80, 349-57.

43. Jeppe, M. Steven, P. A. Karima, B. Hannah, L. Sheila, M., & Andrew, L.L. Pensos biocompatíveis para feridas baseados em hidrogéis de copolímero tribloco quimicamente degradáveis. Biomacromolecule. **2008**, 9, 2265-2275.

44. Michael, S. The healing effects of oclusive wound dressing on Biomateriais de elevado desempenho: um guia completo para aplicações médicas e farmacêuticas. Technomic publishing company Inc.1991, 155- 161.

45. Willi, P., & Chandra, P.S. Pensos para feridas de quitosano e alginato: Uma breve revisão. Tendências Biomater. Artif. Organs. **2004**, 18, 18-23.

46. Vanessa, J. Joseph, E.G., &Keith, G.H. ABC da cicatrização de feridas: Pensos para feridas. B.M.J. **2006**, 332, 777- 780.

47. Carita, H. Os efeitos da pasta de iodo cadexómero no tratamento de úlceras venosas da perna em comparação com o penso hidrocolóide e o penso de gaze com parafina. International J. Dermatol. **1998**, 37, 390-396.

48. Karen, O., & Carolina, M. Agentes antimicrobianos tópicos para o tratamento de feridas crónicas. Br. J. Community Nurs. **2009**, 14, 30.

49. Thawatchai, M. Seiichi, T., & Ratana, R. Impregnação de nanopartículas de prata em celulose bacteriana para curativo antimicrobiano de feridas. Polímeros de hidratos de carbono. **2008**, 72, 53-51.

50. Schindler, W. D. Hauser, P. J. Chemical Finishing of Textiles, Wood head publishing Limited, Cambridge England. **2004**.

51. Mahltig, B., Haufe, H., & Bottcher, H. J. Mater. Chem. **2005**, 15, 4385-4398.

52. Kathirvelu, S., Souza, L. D., & Dhurai, B. Indian J. of Fiber & Textile Res. **2009,** 34, 267-273.

53. Luther, W. Industrial application of nanomaterial's-chance and risk, Future Technologies

Division, Düsseldorf. **2004**.

54. Sharmila, D., Rameshkumar, C., & Ganeshlbau, C. Nano-Technology: Small Wonders to Textiles. **2004**.

55. Papaspyrides, C. D., Pavlidou, S., & Vouyiouka, S. N. J. Materials: Design and Applications. **2009**.

56. Ramachandran, T.; Rajendrakumar, K.; Rajendran, R. IE (I) Journal-TX. **2004**, 84.

57. Kurisawa M, Chung J, Yang Y, Gao S, Uyama H., Injectable biodegradable hydrogels composed of hyaluronic acid-tyramine conjugates for drug delivery and tissue engineering, chemical communications. **2005**, 34, 4312-4.

58. Garg, H.G. & C.A. Hales, Chemistry and biology of hyaluronan. **2004**, Elsevier Science.

59. Necas, J., Bartosikova, L., Brauner, P., & Kolar J. Hyaluronic acid (hyaluronan): a review, VeterinarniMedicina. **2008**, 53, 397-411.

60. Falcone, S., Palmeri, D., & Berg, R., editores. Biomedical applications of hyaluronic acid (Aplicações biomédicas do ácido hialurónico). **2006**, ACS Publications.

61. Zheng, X,. Liu, Y., Palumbo, F., Luo, Y., & Prestwich, G. Hidrogéis de hialuronano reticuláveis in situ para engenharia de tecidos, Biomaterials. **2004**, 25, 1339-48.

62. Vejlens, L. Glycosaminoglycan of human bone tissue (Glicosaminoglicano do tecido ósseo humano). Calcified Tissue International. **1971**, 7,175-90.

63. Dumitriu, S. Polymeric biomaterials. Nova Iorque, Marcel Dekker Inc. **2002**,

64. Segura, T., Anderson, B., Chung, P., Webber, R., Shull, K., Shea, L. Hidrogéis de ácido hialurónico com ligações cruzadas: uma estratégia para funcionalizar e modelar, Biomaterials. **2005**, 26, 359-71.

65. Toole, B. Hyaluronan from extracellular glue to pericellular cue, Nature Reviews Cancer. **2004**, 4, 528-39.

66. Cai, S., Xie, Y., Bagby, T., Cohen, M., Forrest, M., Quimioterapia intralinfática utilizando um conjugado de cisplatina de hialuronano. J Surg Res. **2008**, 147, 247.

67. Underhill, C. CD44: the hyaluronan recetor, Journal of Cell Science. **1992**; 103, 293.

68. Eng, D. Hyaluronan scaffolds: Um equilíbrio entre a funcionalização da espinha dorsal e a bioatividade. Ata Biomaterialia. **2010**, 6, 2407-2414.

69. Kim, J., Kim, I., Cho, T., Lee, K., Hwang, S., & Tae, G. Bone regeneration using hyaluronic

acid based hydrogel with bone morphogenic protein-2 and human mesenchymal stem cells, Biomaterials. **2007**, 28, 1830-7.

70. Luo, Y., Kirker, K., & Prestwich, G., Cross-linked hyaluronic acid hydrogel films: new biomaterials for drug delivery, Journal of controlled release. **2000**, 69, 169-84.

71. Lee, K., &Mooney, D. Hydrogels for tissue engineering, Chem Rev. **2001**, 101, 1869-80.

72. Drury, J., & Mooney, D. Hydrogels for tissue engineering: scaffold design variables and applications, Biomaterials. **2003**, 24, 4337-51.

73. Volpi, N., Schiller, J., Stern, R., & Soltes, L., Role metabolism chemical modifications and applications of hyaluronan, Current medicinal chemistry. **2009**, 16, 1718-45.

74. Burdick, J.A., & Prestwich, G.D, Hyaluronic Acid Hydrogels for Biomedical Applications, Advanced Materials. **2011**, H41-H56.

75. Whelan, J. The Biology of hyaluronan (A biologia do hialuronano). John Wiley & Sons. **1989.**

76. Sheehan, J, Arundel C., & Phelps C. Effect of the cations sodium, potassium and calcium on the interaction of hyaluronate chains: a light scattering and viscometric study, International J. Biol. Macromolecules. **1983**, 5, 222-8.

77. Toole, B.P. Hyaluronan in morphogenesis (Hialuronano na morfogénese). Elsevier. **2001**.

78. Toole, B.P., Wight, T.N., & Tammi, M.I. Hyaluronan-cell interactions in cancer and vascular disease. J. Biol. Chem. **2002**, 27, 4593-4597.

79. Noble, P.W. Hyaluronan and its catabolic products in tissue injury and repair (Hialuronano e seus produtos catabólicos na lesão e reparação de tecidos). Matrix biology. **2002,** 21, 25-9.

80. Toole, B. Hyaluronan in morphogenesis. Journal of Internal Medicine. **1997,** 242, 35-40.

81. McKee, C.M, Penno, M.B, Cowman, M., Burdick, M.D, Strieter, R.M, & Bao, C. Hyaluronan (HA) fragments induce chemokine gene expression in alveolar macrophages. O papel do tamanho do HA e do CD44. Journal of Clinical Investigation. **1996**, 98, 2403.

82. Oertli, B., Fan, X., &Wüthrich, R.P. Characterization of CD44-mediated hyaluronan binding by renal tubular epithelial cells, Nephrology Dialysis Transplantation. **1998**, 13, 271-278.

83. Chen, W.Y.J., & Abatangelo, G., Functions of hyaluronan in wound repair (Funções do hialuronano na reparação de feridas). Reparação e Regeneração de Feridas. **1999**, 7, 79-89.

84. Lee, J.Y., & Spicer, A.P. Hyaluronan: a multifunctional, mega Dalton, stealth molecule. Current Opinion in Cell Biology. **2000**, 12, 581-6.

85. Cowman, M.K., & Matsuoka, S. Experimental approaches to hyaluronan structure, Carbohydrate research. **2005**, 340, 791-809.

86. Stern, R., Kogan, G., Jedrzejas, M.J., & Soltés, L., The many ways to cleave hyaluronan, Biotechnology advances. **2007**, 25,537-57.

87. Soltés, L., Mendichi, R., Kogan, G., Schiller, J., Stankovska, M., & Arnhold, J. Degradative action of reactive oxygen species on hyaluronan. Biomacromolecules. **2006**, 7,659-68.

88. Arrich, J., Piribauer, F., Mad, P., Schmid, D., Klaushofer, K., & Müllner, M. Intraarticular hyaluronic acid for the treatment of osteoarthritis of the knee: systematic review and meta-analysis, Canadian Medical Association Journal. **2005**, 172, 1039-43.

89. Allison, D.D., & Grande, K.J., Hyaluronan: a powerful tissue engineering tool. Tissue Engineering. **2006**, 12, 2131-40.

90. Jiang, D., Liang, J., & Noble, P.W. Hyaluronan in tissue injury and repair. Annu Rev Cell Dev Biol. **2007**, 23, 435-61.

91. Tomihata, K., & Ikada, Y. Crosslinking of hyaluronic acid with water soluble carbodiimide. Journal of biomedical materials research. **1997**, 37, 243-51.

92. Vercruysse, K.P., Marecak, D.M., Marecek, J.F., & Prestwich, G.D. Síntese e degradação in vitro de novos hidrogéis de ácido hialurónico reticulados com hidrazida polivalente. **1997**, 8, 686-94.

93. Luo, Y., Kirker, K.R., & Prestwich, G.D. Cross-linked hyaluronic acid hydrogel films: new biomaterials for drug delivery. Journal of controlled release. **2000**, 69,169-84.

94. Liu, Y., Zheng, S. X., & Prestwich, G.D. Biocompatibilidade e estabilidade de filmes de hialuronano com ligações cruzadas de dissulfureto. Biomaterials. **2005**, 26, 4737-46.

95. Baier, L. J., Bivens, K.A., Patrick, J. C., & Schmidt, C.E. Photocrosslinked hyaluronic acid hydrogels: natural, biodegradable tissue engineering scaffolds. Biotechnology and bioengineering. **2003**, 82, 578-89.

96. Burdick, J.A., Chung, C., Jia, X., Randolph, M.A., & Langer, R. Controlled degradation and mechanical behavior of photo polymerized hyaluronic acid networks. Biomacromolecules. **2005**, 6, 386-91.

97. Cen, L., Neoh, K., Li, Y., & Kang, E. Avaliação da bioatividade in vitro do ácido hialurónico e do polímero electroactivo funcionalizado com ácido hialurónico sulfatado. Biomacromolecules. **2004**, 5, 2238-46.

98. Collier, J.H., Camp, J.P., Hudson, T.W., & Schmidt, C.E. Synthesis and characterization of

polypyrrole-hyaluronic acid composite biomaterials for tissue engineering applications. Journal of biomedical materials research. **2000**, 50, 574-84.

99. Aigner, J., Tegeler, J., Hutzler, P., Campoccia, D., Pavesio, A., & Hammer, C. Cartilage tissue engineering with novel nonwoven structured biomaterial based on hyaluronic acid benzyl ester. Journal of biomedical materials research. **1998**, 42, 172-81.

100. Ramamurthi, A., & Vesely, I. Avaliação do potencial de síntese de matriz de géis de hialuronano reticulados para engenharia de tecidos de válvulas cardíacas aórticas. Biomaterials. **2005**, 26, 9991010.

101. Ibrahim, S., Kang, Q.K., & Ramamurthi, A. The impact of hyaluronic acid oligomer content on physical, mechanical, and biologic properties of divinyl sulfone crosslinked hyaluronic acid hydrogels. Journal of Biomedical Materials Research Part A. **2010,** 94, 355-70.

102

102. Zheng, S.X., Liu, Y, Palumbo, F.S., Luo, Y., Prestwich, G.D. Hidrogéis de hialuronano reticuláveis in situ para engenharia de tecidos. Biomaterials. **2004**, 25, 1339-48.

103. Yeo, Y., Highley, C.B., Bellas, E., Ito. T., Marini, R., & Langer, R. Os hidrogéis de ácido hialurónico reticuláveis in situ previnem as aderências abdominais pós-operatórias num modelo de coelho. Biomaterials. **2006**, 27, 4698-705.

104. Yeo, Y., Ito, T., Bellas, E., Highley, C.B., Marini, R., & Kohane, D.S. Hidrogéis de hialuronano reticuláveis in situ contendo nanopartículas poliméricas para prevenção de aderências pós-cirúrgicas. Annals of surgery. **2007**, 245, 819.

105. Jollâes, P., & Muzzarelli, R.A.A. *Chitin and chitinases*, Birkhèauser-Verlag.**1999**.

106. Kas, H. S. Chitosan: properties, preparations and application to microparticulate systems. Journal of Microencapsulation. **1997**, 14, 689-711.

107. Singla, A. K., & Chawla, M. Chitosan: alguns aspectos farmacêuticos e biológicos - uma atualização. Journal of Pharmacy and Pharmacology. **2001**, 53, 1047-1067.

108. Dumitriu, S. Polymeric biomaterials, Marcel Dekker, Inc. **2002**.

109. Chung, T.W. Growth of human endothelial cells on different concentrations of Gly-Arg- Gly-Asp grafted chitosan surface. Artificial Organ. **2003**, 27, 155-161.

110. Kurita, K. Studies on chitin, .4. Evidence for formation of block and random copolymers of N-acetyl-D-glucosamine and D-glucosamine by heterogeneous and homogeneous hydrolyses Macromolecular Chemistry and Physics.**1977**, 178, 31-97.

111. Varum, K.M. High-field NMR-spectroscopy of partially N-deacetylated chitins (chitosans)^{13}C-NMR studies of the acetylation sequences in partially N-deacetylated chitins (chitosans). Carbohydrate Research. **1991,** 217, 19-27.

112. Araki, Y. & Ito, E. Pathway of chitosan formation in Mucor-Rouxii -enzymatic deacetylation of chitin. European Journal of Biochemistry. **1975**, 55, 71-78.

113. Nordtveit, R.J. Degradação de quitosanos parcialmente N-acetilados com clara de ovo de galinha e lisozima humana. Carbohydrate Polymers. **1996**, 29, 163-167.

114. Lee, K.Y. Compatibilidade sanguínea e biodegradabilidade de derivados de quitosano parcialmente N-acilados. Biomaterials. **1995**, 287, 1211-1216.

115. Aiba, S. Studies on chitosan .4. Lysozymic hydrolysis of partially Nacetylated chitosans. *International Journal of Biological Macromolecules.* **1992**, 14, 225-228.

116. Pangburn, S.H. Lysozyme degradation of partially deacetylated chitin, its films and hydrogels. *Biomaterials.* **1982**, 3, 105-108

117. Tomihata, K. & Ikada, Y. Degradação in vitro e in vivo de películas de quitina e seus derivados desacetilados. *Biomaterials.* **1997**, 18, 567-575.

118. Agnihotri, S.A. Recent advances on chitosan-based micro- and nanoparticles in drug delivery. Journal of Controlled Release. **2004**, 100, 5-28.

119. Bumgardner, J.D. Contact angle, protein adsorption and osteoblast precursor cell attachment to chitosan coatings bonded to titanium (Ângulo de contacto, adsorção de proteínas e fixação de células precursoras de osteoblastos em revestimentos de quitosano ligados ao titânio). Journal of Biomaterials Science - Polymer Edition. **2003**, 14, 1401-1409.

120. Ueno, H. Avaliação dos efeitos do quitosano na produção de matriz extracelular por fibroblastos e na produção de factores de crescimento por macrófagos. Biomaterials. **2001**, 22, 2125-2130.

121. Sechriest, V.F. GAG-augmented polysaccharide hydrogel: A novel biocompatible and biodegradable material to support chondrogenesis. Journal of Biomedical Materials Research. **1999**, 49, 534-541.

122. Lahiji, A. Chitosan suporta a expressão de proteínas da matriz extracelular em osteoblastos e condrócitos humanos. Journal of Biomedical Materials Research Part A. **2000**, 51, 586-595.

123. Nettles, D.L. Potential use of chitosan as a cell scaffold material for cartilage tissue engineering. Tissue Engineering. **2002**, 8, 1009-1016.

124. Lee, Y.M. Tissue engineered bone formation using chitosan/tricalcium phosphate sponges.

Jornal de Periodontologia. **2000**, 71, 410- 417.

125. Bumgardner, J.D. Chitosan: potencial utilização como revestimento bioativo para implantes ortopédicos e craniofaciais/dentários. Journal of Biomaterials Science- Polymer Edition. **2003**, 14, 423-438.

Capítulo 2: Preparação de nanopartículas de prata utilizando fibras de hialuronano

Resumo

A aplicação da química verde na nanociência e na tecnologia é muito importante no domínio da preparação de vários materiais. A prata tem sido utilizada desde tempos imemoriais sob diferentes formas químicas para tratar queimaduras, feridas e várias infecções causadas por bactérias patogénicas. O avanço do processo biológico de síntese de nanopartículas está a evoluir para uma área-chave da nanotecnologia.

Neste trabalho, foi utilizado com sucesso um método químico amigo do ambiente para a preparação de fibras de hialuronano contendo nanopartículas de prata (Ag NPs). Assim, o hialuronano (HA) foi dissolvido numa solução aquosa de hidróxido de sódio para preparar uma solução transparente, que foi utilizada para a preparação de fibras através de uma técnica de fiação em húmido. Consequentemente, foram preparadas nanopartículas de prata no interior da fibra. Foram estudados diferentes parâmetros que afectam a preparação do produto final, tais como a concentração de nitrato de prata, a concentração de fibra de hialuronano, o tempo e a temperatura da reação, o pH da mistura de reação e diferentes meios solventes.

As NPs de HA-Ag foram confirmadas por microscopia eletrónica de transmissão (TEM), dispersão dinâmica da luz (DLS), difração de raios X (XRD), dispersão bidimensional de raios X (2D SWAXS), espetroscopia UV/Vis, espetrometria de emissão ótica com plasma indutivamente acoplado (ICP OES), microscopia eletrónica de varrimento (SEM), espetroscopia de raios X por dispersão de energia, análise gravimétrica térmica (TGA), análise térmica diferencial (DTG), análise calorimétrica de varrimento diferencial (DSC), espetroscopia de fotoelectrões de raios X (XPS), ressonância magnética nuclear (NMR), espetroscopia de infravermelhos com transformada de Fourier (FTIR). As propriedades mecânicas das fibras preparadas foram medidas. A partir dos dados de DLS, as nanopartículas de prata foram preparadas utilizando propan-2-ol e têm um tamanho de partícula mais pequeno do que em metanol e etanol. Os resultados das nanopartículas de prata incorporadas em fibras de hialuronano mostraram uma elevada atividade antibacteriana contra Staphylococcus aureus (S. aureus) e Escherichia Coli (E. coli).

Os testes de viabilidade celular indicaram que o hialuronano, as fibras de hialuronano e as fibras de hialuronano com nanopartículas de prata não eram tóxicos para o crescimento celular. Dois tamanhos diferentes de partículas de Ag NPs (10, 40 nm) não apresentaram qualquer toxicidade. Estes testes foram realizados utilizando a linha celular de fibroblastos de ratinho 3T3.

Palavras-chave: química verde, fibra de hialuronano, nanopartículas de prata, viabilidade celular, atividade antibacteriana, aplicações médicas.

Este capítulo baseia-se nas seguintes publicações:

S *A*. **M. Abdel-Mohsen**, Radim Hrdina, Ladislav Burgert, Gabriela Krylova, Rasha Abdel-Raman, Anna Krylova, & Milos Stienhart. Green synthesis of hyaluronan fibers with silver nanoparticles (Síntese verde de fibras de hialuronano com nanopartículas de prata). **Carbohydrate Polymers Journal**. 2012, 89, 411- 422.

S **A. M. Abdel-Mohsen**, Radim Hrdina, Ladislav Burgert, Rasha M. Abdel-Rahman, Martina Hasovà, Daniela Smejkalovà, Michal Kolar ,M. Pekar , A. S. Aly. Atividade antibacteriana e viabilidade celular da fibra de hialuronano com nanopartículas de prata. **Carbohydrate Polymers Journal (no prelo)** 2012.

2.1. Introdução

Os materiais nanoestruturados de metais nobres têm implicações muito vastas nos domínios da fotónica[1] , da catálise[2] , da microeletrónica[3] , da biossensorização[4] e das funcionalidades antimicrobianas[5] , etc. Entre estas, a utilização de partículas de prata nanométricas (Ag NPs) como substrato para melhorar a ressonância plasmónica de superfície tem sido amplamente referida[6] , em que a forma e a estrutura bem definidas das nanopartículas de Ag são fundamentais para um aumento ótimo. Nas últimas décadas, foram desenvolvidos muitos métodos eficazes para a síntese de nanopartículas de Ag[7-9] . No entanto, os riscos ambientais e biológicos são geralmente causados pela utilização de agentes redutores e/ou estabilizadores nocivos nos procedimentos de síntese, como o borohidreto de sódio, a hidrazina[6] e a *N*,N-dimetil formamida[10] . Com a crescente sensibilização para a proteção do ambiente, as pessoas estão inclinadas a concentrar-se na química verde. Para este efeito, os compostos naturais como a D-glicose[11] e o quitosano[1215] foram utilizados para estabilizar as nanopartículas de Ag com outros agentes redutores. Além disso, o amido solúvel foi utilizado como agente redutor e estabilizador para sintetizar as nanoesferas de Ag através de um método verde de um só frasco[16] . A síntese verde de Ag-NPs envolve três etapas principais, que devem ser avaliadas com base nas perspectivas da química verde, incluindo a seleção do meio solvente, do agente redutor e da substância não tóxica para a estabilidade das Ag-NPs[17] .

O ácido hialurónico (HA) é um polissacárido natural com uma unidade repetida de ácido D-glucurónico e *N-acetilglicosamina* (Esquema 2.1), existente em muitos tecidos conjuntivos dos mamíferos, como a cartilagem, o componente central para a estruturação do tecido[18] , e é um químico verde. É também utilizado como indicador de diagnóstico de muitas doenças, como tumores e doenças hepáticas[19] . Assim, é de grande importância estudar ou detetar o ácido hialurónico num sistema biológico. Recentemente, a espetroscopia Raman foi utilizada para investigar a estrutura do ácido hialurónico[20, 21] . No entanto, só tem sido utilizada para detetar e caraterizar uma película de HA a granel. Sabe-se que a nanoestrutura de Ag desempenha um papel fundamental na SERS[6,22,23] para uma deteção Raman sensível. Os grupos hidroxilo abundantes do ácido hialurónico nas unidades de ácido D-glucorónico têm propriedades redutoras[23, 24].

Três etapas principais na preparação de nanopartículas que devem ser avaliadas numa perspetiva de química verde são a escolha do meio solvente utilizado para a síntese, a escolha de um agente redutor benigno para o ambiente e a escolha de um material não tóxico para a estabilização das nanopartículas. A maior parte dos métodos de síntese registados até à data dependem fortemente de solventes orgânicos. Este facto deve-se principalmente à hidrofobicidade dos agentes de cobertura utilizados. Foram comunicadas abordagens[25] para a síntese de nanopartículas metálicas solúveis em água. No entanto, até à data, não foi comunicada uma abordagem unificada de química verde para o processo global de produção de nanopartículas.

Na presente abordagem, o metanol, o etanol e o álcool isopropílico foram utilizados como solventes ambientalmente benignos durante toda a preparação. A segunda preocupação num método de preparação de nanopartículas ecológicas é a escolha do agente redutor. A maioria dos métodos relatados até à data utiliza agentes redutores para a preparação de NPs de Ag. A utilização de um agente redutor forte, como o NaBH4, resulta em partículas minúsculas que estão bem dispersas[26,27]. Atualmente, é utilizada uma série de redutores químicos para a síntese de nanopartículas de metais nobres que contêm NaBH4[28-29], NH2OH[30], N2H2[31-32], (CH3)2NH.BH3[33], H2[34], formaldeído,[35] formamida,[36], reagentes de Tollens[37], etilenoglicol[37], etanol[38], citrato[39], anilina[40], polianilina[38], ou ácido ascórbico[41]. A questão final e talvez a mais importante na preparação de nanopartículas é a escolha do material de cobertura utilizado para proteger ou tornar passiva a superfície das nanopartículas. Há várias questões que devem orientar a escolha do agente de revestimento, e estas variam significativamente desde as gamas de tamanho e morfologias exigidas das nanopartículas até à aplicação pretendida.

No método de preparação apresentado, uma fibra de hialuronano serve como agente protetor e estabilizador para preparar nanopartículas de prata, onde se discute o efeito das condições de reação, incluindo o valor do pH, a temperatura, a concentração de nitrato de prata, o tempo e a razão molar de HA para AgNO3 no tamanho e na morfologia das Ag NPs. Além disso, as nanopartículas de prata incorporadas na fibra de hialuronano foram confirmadas por microscopia eletrónica de transmissão (TEM), dispersão bidimensional de raios X (2D SWAXS), difração de raios X, espetroscopia UV/Vis, espetrometria de emissão ótica com plasma indutivamente acoplado (ICP OES), microscopia eletrónica de varrimento (SEM). As propriedades mecânicas das fibras de HA-Ag NPs preparadas também foram medidas.

2.2. Experimental

2.2.1. Materiais

O hialuronato de sódio de elevado peso molecular (1,75 MDa, determinado por SEC-MAALS) foi adquirido à CPN Ltd., Dolni Dobrouc, República Checa; o hidróxido de sódio, o ácido fórmico, o ácido acético, o nitrato de prata, o etanol, o 2-propanol e o metanol foram obtidos da Sigma-Aldrich, Alemanha. Foi utilizada água desmineralizada em todas as experiências.

2.2.2. Métodos

2.2.2.1. Preparação de fibras de hialuronano

O hialuronato de sódio (1,75 MDa, 6 g) foi dissolvido sob agitação em 94 g de água com a adição de NaOH (0,64 g) para se obter uma solução viscosa homogénea e bem fluida adequada para a fiação. Esta solução foi pressionada (técnica de fiação húmida) através de um bocal com um diâmetro de 0,4 mm para o banho de coagulação com a composição: 600 ml de metanol e 400 ml de ácido acético (98%). As fibras preparadas foram deixadas no banho de coagulação durante 15 horas, depois lavadas com metanol absoluto e secas.

2.2.2.2. Preparação de nanopartículas de prata incorporadas em fibras de hialuronano

As nanopartículas de prata foram preparadas por meio de uma redução química simples do nitrato de prata por fibras de hialuronano, respetivamente por hialuronano. Um determinado peso da fibra de HA assim preparada foi disperso num determinado volume de metanol utilizando um agitador magnético de aquecimento. Após a dispersão de HA em metanol, o pH da solução foi ajustado no intervalo (4-11,5), seguido pelo aumento da temperatura (20-80° C). Uma certa quantidade de solução de nitrato de prata foi então adicionada gota a gota. A mistura reacional foi mantida sob agitação contínua durante diferentes períodos de tempo (15-180 min). Pouco tempo após a adição de nitrato de prata, a fibra de HA adquire uma cor amarela clara, indicando a formação de nanopartículas de prata. A progressão da reação foi controlada por absorção UV/Vis; alíquotas do volume de reação foram retiradas em intervalos de tempo determinados e avaliadas.

2.2.3. Caracterização das fibras de hialuronano incorporadas com nanopartículas de prata

2.2.3.1. Espectrometria de emissão ótica com plasma indutivamente acoplado (ICP OES)

A análise elementar da prata foi efectuada com o espetrómetro de emissão atómica de plasma indutivo de visualização radial INTEGRA XL 2 (GBC, Dandenong-Austrália), equipado com nebulizadores cerâmicos de ranhura em V e câmara de pulverização ciclónica de vidro (ambos Glass expansion, Austrália). Para uma calibração instrumental (1-0,5 -0,1 -0,05-0,02 mg l^{1}), foram utilizadas soluções-mãe padrão de Ag disponíveis no mercado contendo 1 $g.L^{-1}$ (SCP, Baie Duffer, Canadá). O limite de deteção (a concentração equivalente a três vezes o desvio-padrão da amostra em branco no lugar da correção de fundo) foi de 10 µg, para as linhas 338,289 nm, 328,068 nm. Para a análise de amostras reais, foi calculada a média dos resultados de ambas as linhas analíticas utilizadas.

2.2.3.1. Microscopia eletrónica de varrimento (SEM)

As imagens das amostras foram obtidas no microscópio de varrimento eletrónico da CPN Ltd., no microscópio eletrónico Tuscan VEGA II LSU (Tuscan USA Inc.) nas seguintes condições: alta tensão 5 kV, distância de trabalho 4,4 mm, modo de visualização de electrões secundários, alto vácuo à temperatura ambiente. O Mini Sputter Coater SC7620 (Quorum Technologies, Reino Unido) aplicou camadas de 15 nm de partículas de ouro na amostra. As amostras foram pulverizadas durante 120 s com uma corrente de 18 mA. As imagens foram obtidas nas seguintes condições: tensão 2,44-10 kV, detetor: SE. ampliação 30020000 vezes, vácuo elevado, distância entre a amostra e a objetiva: 4 - 5 mm.

2.2.3.2. Espectroscopia UV-visível (UV-vis)

As medições foram efectuadas no espetrofotómetro UV-visível (UV-160A, Shimadzu, Japão) utilizando cuvetes de quartzo com um percurso ótico de 1 cm. A concentração das soluções medidas foi mantida a 0,59 mg/ml.

2.2.3.3. Microscopia eletrónica de transmissão (TEM)

As imagens TEM foram observadas num microscópio eletrónico JEOL JEM-2010 (HT), utilizando uma tensão de aceleração de 200 kV. As amostras foram dissolvidas em água desionizada ou solução alcalina aquosa com concentrações de 0,5 mg/ml, e uma gota foi colocada em grelhas de Cu pré-revestidas com filmes de carbono.

2.2.3.4. Difração de raios X (XRD)

Os dados de difração de raios X em pó (Cu Kα, λ = 1,5418 Â) foram recolhidos num difratómetro D8 Advance (Bruker AXS, Alemanha) com goniómetro Bragg-Brentano θ-θ (raio 217,5 mm) equipado com um monocromador de grafite curvo de feixe secundário e um detetor de cintilação Na(Tl)I. O gerador foi acionado a 40 kV e 30 mA. O varrimento foi efectuado à temperatura ambiente de 2 a 70° (2θ) em passos de 0,02° com um tempo de contagem de 8 s por passo.

2.2.3.5. Dispersão bidimensional de raios X (2D SWAXS)

As experiências SAXS e WAXS foram realizadas utilizando uma câmara de 3 orifícios (Molecular Metrology SAXS system now Rigaku) ligada a uma ótica esférica multicamada (Osmic Confocal Max-Flux) que, ao mesmo tempo, monocromatiza e foca o feixe de um tubo de raios X de microfoco (Bede microsource) que funciona a 45 kV e 0,66 mA (30 W). Os padrões SAXS foram medidos por meio de um detetor de área cheio de gás, com vários fios e um diâmetro de área ativa de 20 cm (modelo Gabriel). Os difractogramas WAXS foram medidos utilizando uma placa de imagem. A calibração foi efectuada utilizando o behenato de prata na região SAXS e o pó de Si na região WAXS. As posições dos picos foram utilizadas para obter o comprimento caraterístico D, de acordo com a lei de Bragg, d= $2\pi Zq$, em que $q = (4\pi /\lambda) \sin (\theta)$, em que $\lambda = 0{,}154$ nm é o comprimento de onda, o mesmo que nas medições de difração do pó, e 2υ é o ângulo de dispersão. As medições foram optimizadas de modo a obter estatísticas de contagem razoáveis e demoraram normalmente entre 4 e 10 horas.

2.2.3.6. Ensaio de viabilidade celular

3 000 células NIH (3T3)/poço foram semeadas em poços de placas de ensaio de 96 poços. As células foram cultivadas durante 24 horas antes de serem tratadas com as soluções testadas. A viabilidade celular foi medida 0, 24, 48 e 72 horas após o tratamento utilizando o ensaio do brometo de 3-(4,5-dimetiltiazol-2-il)-2,5-difenil tetrazólio (MTT, Sigma-Aldrich). Neste ensaio, o MTT é reduzido pelas células viáveis a um sal de formazan colorido, que é posteriormente libertado das células e determinado espectrofotometricamente. O ensaio MTT foi descrito anteriormente (Vistejnova et al., 2009). O ensaio de MTT foi descrito anteriormente (Vistejnova et al., 2009). A solução de stock de MTT foi adicionada ao meio de cultura de células e as placas foram incubadas a 37 °C durante 2,5 horas. O sobrenadante foi descartado e as células foram lisadas em solução de lise durante 30 minutos num agitador. A densidade ótica foi medida numa placa de 96 poços, em triplicado, com um leitor de microplacas Versamax (Molecular devices, CA, EUA), num comprimento de onda de 570 nm.

2.2.3.6.1. Cultura celular

A linha celular de fibroblastos de ratinho (NIH 3T3) (Sigma-Aldrich) foi cultivada até 20th passagens. As células de 10 -20^{thth} passagem foram utilizadas nas experiências seguintes. As células NIH 3T3 foram cultivadas em meio DMEM suplementado com 10% de FBS, glutamina (0,3 mg/ml), penicilina (100 U/ml) (Sigma-Aldrich) e estreptomicina (0,1 mg/ml) (Sigma-Aldrich) em 7,5% de CO_2 a 37 °C em frascos de cultura, tal como recomendado pelo fornecedor.

2.2.3.6.2. Preparação de soluções

As soluções de derivados foram preparadas utilizando o meio de cultivo celular para obter uma concentração final de 1000 µg/ml e filtradas (dispositivo de filtração estéril completo (0,22 µm) para produzir soluções estéreis a serem testadas quanto à viabilidade celular. A solução testada foi adicionada a cada poço para que a concentração final da solução testada no poço fosse de 1-1000 µg/mL usando como meio diluente.

2.2.3.6.3. **Análise estatística**

Todas as experiências foram efectuadas, pelo menos, em repetições independentes. Foram aplicados aos dados os testes de Student para duas amostras, $p \leq 0,05$.

2.2.3.7. **Ensaio antibacteriano**

2.2.3.7.1. **Meios de cultura utilizados**

Muller-Hinton agar medium g/l			
Beef extract powder	3	Starch	1.5
Casein hydrolase	17.5	Agar	17.0

2.2.3.7.2. **Preparação do ágar**

O ágar Muller-Hinton (38 g) foi suspenso num litro de água destilada, aquecido até dissolver completamente o meio e depois esterilizado por autoclavagem a 121° C durante 15 minutos[43] .

2.2.3.7.3. **Organismos de teste.**

- As bactérias Gram positivas: Staphylococcus aureus (S. aureus)
- As bactérias Gram negativas: Escherichia Coli (E. coli)

2.2.3.7.4. **Teste antibacteriano**

A atividade antibacteriana das fibras de hialuronano com nanopartículas de prata foi avaliada pelo método de difusão em disco utilizando discos de papel de filtro Whatman-No5 estéreis (11 mm de diâmetro). Cada composto (100 µg) foi dissolvido em água desionizada (1 ml). Os discos de papel de filtro (11 mm) foram carregados com uma certa quantidade do material testado (50 µL) e depois deixados com cuidado sob ar quente até à secura completa.

As placas de ensaio foram preparadas despejando 10 ml de meio de ágar Muller-Hinton semeado com o organismo em estudo. Os discos foram depositados na superfície das placas de ágar juntamente com o disco de controlo, que foi carregado apenas com o solvente utilizado[44] . Os discos foram incubados a 5 °C durante 1 hora para permitir uma boa difusão. Todas as placas foram então incubadas durante 24 horas a 37 °C. As zonas de inibição foram medidas.

2.2.3.8. **Propriedades mecânicas das fibras**

Máquina de ensaio universal, Inston 3343, Pré-tensão: 0,05 N, Taxa de deformação: 30 mm/min. As fibras foram deixadas temperadas a 24 °C durante 1 hora; a humidade relativa real durante a medição foi de 28 %. As amostras de fibras foram cortadas em pedaços de 10 cm e posteriormente montadas axialmente nas garras de teste do Inston 3343. O sensor de medição da resistência foi equilibrado e as fibras foram pré-carregadas até 0,05 N. Em seguida, o valor da carga foi equilibrado e as fibras foram continuamente tensionadas até à rutura. A taxa de deformação foi fixada em 30 mm/min. A curva de carga foi posteriormente analisada, a carga de rotura (N), a deformação de rotura (%) e o módulo de elasticidade foram determinados. Se possível, as amostras foram medidas em triplicado e foi determinado um valor médio.

2.2.3.9. Medições de análise térmica

São estudados no que diz respeito à cinética da decomposição térmica, utilizando a termogravimetria de diferentes taxas de aquecimento (TG, instrumento Netzsch 209F3, cadinho de Al2O3) e sob taxas de aquecimento de 5, (com taxa de recolha de dados de 40 pontos por Kelvin) e 10 min^{-1} (com taxa de recolha de dados de 60 pontos por Kelvin). As suas propriedades de fluxo de calor foram também avaliadas pela técnica de calorimetria diferencial de varrimento (DSC, instrumento Netzsch 200F3, panela de alumínio com uma tampa de orifício), que foi realizada na atmosfera dinâmica de azoto com uma pressão de 0,1 MPa. A massa da amostra para DSC foi de cerca de 0,9 mg com uma taxa de aquecimento de 5 T min-1 e uma gama de temperaturas de 30-350° C. A gama de temperaturas de ensaio para TG foi de 50-400 T com a massa da amostra de cerca de 1,35-1,45 mg sob uma atmosfera dinâmica de azoto de 30 $ml.min^{-1}$.

2.2.3.10. Espectroscopia de fotoelectrões de raios X (XPS)

As medições XPS foram efectuadas num instrumento VG MicroTech ESCA 3000 a uma pressão >*1* × 10^{-9} Torr. Os espectros de varrimento geral e de nível central de *Au4f*, *Ag3d*, *C1s*, *S2p* e *N2p* foram registados com radiação *MgKα* não monocromatizada (energia dos fotões 1253,6 eV) a uma energia de passagem de 50 eV e um ângulo de descolagem dos electrões (ângulo entre a direção de emissão dos electrões e o plano da superfície) de 60°. A resolução global foi de ~1 eV para as medições XPS. As energias de ligação (BE) ao nível do núcleo foram alinhadas tomando a energia de ligação do carbono adventício como 285 eV.

2.2.3.11. Espectroscopia de infravermelhos com transformada de Fourier (FTIR)

A espetroscopia FTIR foi realizada num espetrómetro Shimadzu. As amostras foram analisadas como discos de KBr: aproximadamente 30 mg da amostra e 60 mg de KBr foram misturados e triturados num almofariz de ágata. A mistura foi depois compactada utilizando uma prensa hidráulica IR a uma pressão de 90 KN durante 1 minuto. Os exames foram efectuados entre 4000 e 600 $cm-^{1}$ com uma resolução de 4 $cm-^{1}$.

2.2.3.12. Espectroscopia de ressonância magnética nuclear (NMR)

Os espectros de RMN foram medidos no BRUKER AV 500 MHz Ultrashield plus com a sonda BBOF plus. As amostras (5-10 mg) foram dissolvidas em D2O.

2.3. Resultados e discussão

2.3.1. Preparação de fibras de hialuronano

As fibras de hialuronano foram preparadas através da técnica de fiação húmida descrita na literatura[45]. O ácido hialurónico foi dissolvido numa solução aquosa ligeiramente alcalina de hidróxido de sódio, após dissolução completa do ácido hialurónico para obter uma solução transparente (5,96% em massa de HA). Neste sistema, a água e o hidróxido de sódio não são tóxicos e são pouco dispendiosos. É de notar que não houve evaporação de quaisquer agentes químicos durante a dissolução do ácido hialurónico à temperatura ambiente, pelo que o ar e o ambiente limpos foram mantidos durante a produção de fibras de HA. O subproduto no banho de coagulação é principalmente acetato de sódio, que pode ser separado e evaporado facilmente. Por conseguinte, este procedimento de banho é uma verdadeira tecnologia ecológica, uma vez que não é poluente e é fácil reciclar o seu subproduto. Além disso, não há evaporação dos agentes químicos durante o processo. A solução de ácido hialurónico foi utilizada para a fiação húmida, em que o bocal tinha um diâmetro de 0,4 mm. Como banho de coagulação, foi utilizada a mistura de 600 ml de metanol e 400 ml de ácido acético; foram obtidas fibras homogéneas. As fibras preparadas foram deixadas no banho de coagulação durante 15 horas, depois lavadas com metanol absoluto e secas.

2.3.2. Formação de nanopartículas de prata no interior da fibra de HA

As fibras de hialuronano desempenharam um papel duplo: como agente de fixação para iões de prata e como agente estabilizador durante/após a formação de nanopartículas de prata. Os factores que afectam a eficiência e a estabilidade da redução, bem como a forma e o tamanho das nanopartículas de prata formadas, juntamente com os mecanismos envolvidos, são apresentados a seguir.

Os iões de prata interagem com os grupos funcionais disponíveis nas fibras de ácido hialurónico. O hialuronano é conhecido por ser rico em diferentes grupos funcionais, como os grupos hidroxilo, carboxilo e acetamida. Todos estes grupos funcionam como poderosos "agentes de redução e estabilização" para preparar nanopartículas de prata[15]. Além disso, estas nanopartículas são provavelmente cobertas e estabilizadas por uma matriz de polissacáridos. A estrutura do ácido hialurónico é muito complexa; é muito provável que haja mais do que um mecanismo envolvido na reação do ião de prata com a fibra de hialuronano e na subsequente redução dos iões de prata (como se mostra no Esquema 2.1). A complicação dos iões de prata pelos grupos hidroxilo e acetamida e a sua subsequente estabilização pelos grupos carboxilo.

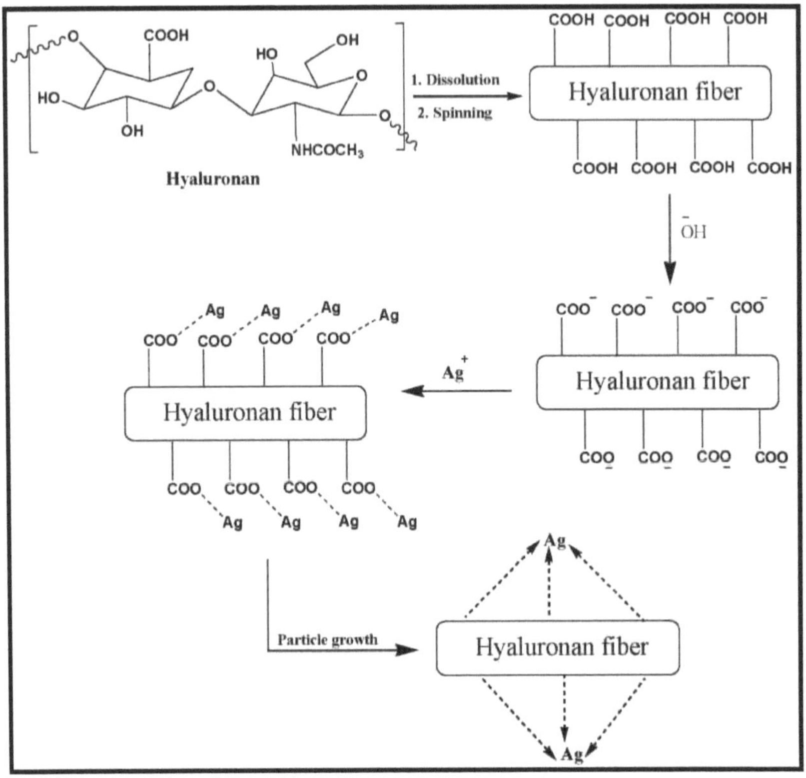

Esquema 2.1: Preparação da fibra de hialuronano com nanopartículas de prata

2.3.2.1. Efeito do pH do meio de reação

A fibra de ácido hialurónico desempenha um papel duplo durante a preparação de nanopartículas de prata de tamanho nanométrico. O primeiro é gerar um composto complexo com iões de prata e agrafos da partícula. O segundo papel é proteger as partículas da agregação e acumulação.

Assim, 0,1 g de fibra de hialuronano (unidade $C_{14}H_{21}NO_{11}$, 0,26 mM) foi disperso em 24 ml de metanol utilizando um agitador magnético de aquecimento. Após a dispersão das fibras hialurónicas, o pH foi ajustado para 4, 6, 9 e 11,5 utilizando soluções diluídas de ácido acético (1M) e de hidróxido de sódio (IM), enquanto a temperatura aumentava para 60° C. No final, adicionou-se nitrato de prata gota a gota (700 µl, 10 mM), tendo em conta que o volume total do meio de reação é de 25 ml. Permitiu-se que a reação prosseguisse sob agitação contínua durante 1 hora, tendo-se formado NPs Ag.

A Figura 2.1A mostra os espectros UV/Vis das nanopartículas de prata obtidas utilizando a fibra de hialuronano como agente estabilizador a diferentes pH. Os resultados revelam uma série de observações que podem ser resumidas da seguinte forma (a) o aumento do pH do meio de reação é acompanhado por alterações apreciáveis nos espectros de absorção eletrónica; (b) a banda de maior energia (360 nm) aparece a pH 4; a intensidade desta banda diminui com o aumento do pH até 9; um aumento adicional do pH do meio de reação até 9 leva ao desaparecimento desta banda; (c) simultaneamente, começa a aparecer outra banda a 408 nm, que atinge as suas intensidades máximas a pH 11.5 e quando a gama de pH é direcionada, a banda torna-se mais forte e simétrica, com uma forma de sino pronunciada em λ_{max} (408 nm). Esta banda pode ser atribuída à ressonância de Plasmon das nanopartículas de prata.

No lado direito da figura 2.1A, é apresentada a fotografia de fibras de hialuronano dissolvidas em água, onde se pode ver a mudança de cor de incolor (fibra de hialuronano puro) à esquerda para amarelada (nanopartículas de prata) em relação ao pH do meio de reação.

O valor do pH é normalmente o fator chave na preparação de nanopartículas de prata, especialmente na fase de redução. Quando o valor do pH está próximo do ponto isoelétrico (cerca de 3), uma fibra de hialuronano possui grupos carboxilo sem carga, o que leva as cadeias moleculares a encolherem para um estado enrolado. Quando o valor de pH é superior a 4, os grupos carboxilo ficam carregados negativamente devido à sua hidrólise. Na nossa opinião, esta ionização converte uma estrutura helicoidal dupla do ácido hialurónico numa conformação linear semelhante à do[(46)]. Assim, o valor mais elevado do pH do meio de reação levaria a que os grupos carboxilo mais expostos interagissem electrostaticamente com o Ag^+ pelo HA e promovessem a sua redução, tendo as experiências sido realizadas a 60° C. A pH 4, foi observada uma banda a cerca de 360 nm mesmo após 1 h a 60° C, o que correspondia à existência de aglomerados de Ag^+. Com o aumento do valor do pH, surgiu uma nova banda a cerca de 408 nm nos espectros UV/Vis das amostras, sugerindo a formação de nanopartículas de prata.

A Figura 2.1 B mostra a percentagem de nanopartículas de prata incorporadas nas fibras de hialuronano. É possível observar que o aumento do pH do meio de reação aumenta a percentagem de prata. Isto deve-se a um aumento do conteúdo de "grupos carboxílicos livres" numa fibra, uma vez que as suas ligações de hidrogénio inter e intra dentro da fibra de hialuronano são interrompidas. Isto significa que o aumento dos grupos carboxílicos sob a forma de anião aumentará a interação eletrostática entre a carga negativa dos grupos carboxílicos e dos grupos acetamida na superfície e no interior das fibras hialurónicas (COO^- ,-NHCOCH3)e a carga positiva dos iões de prata (como se mostra no Esquema 2.1).

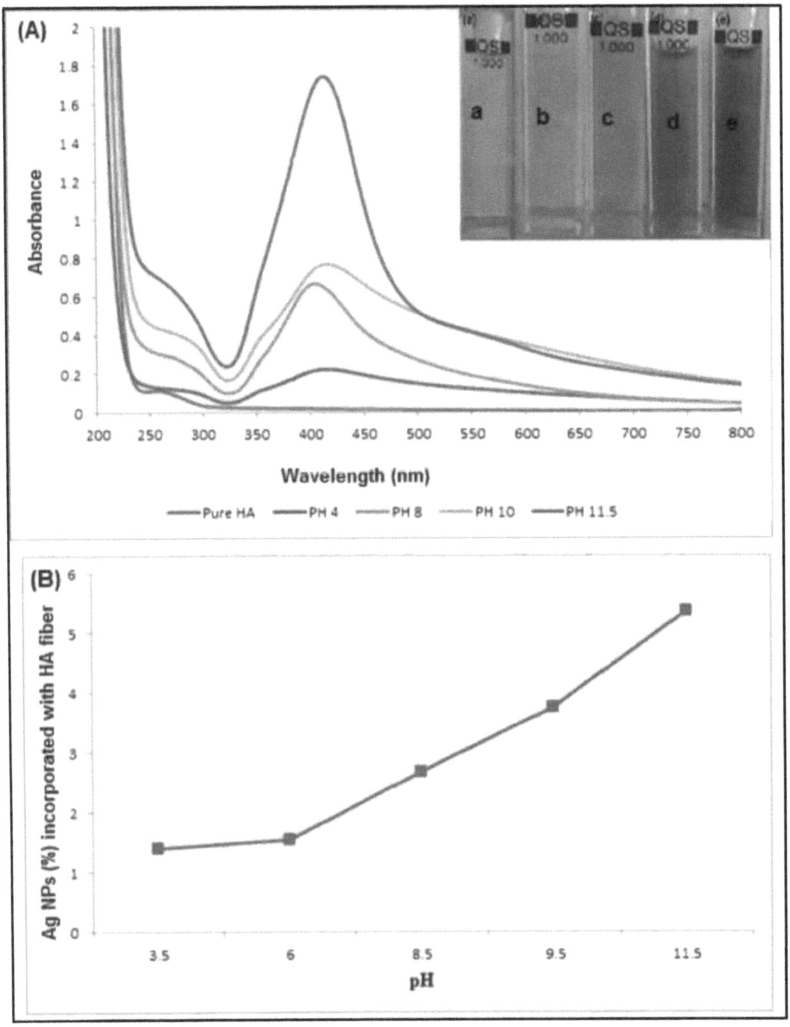

Figura 2.1:

(A) : Espectroscopia UV/Vis de nanopartículas de prata preparadas a diferentes pHs;

A fotografia do lado direito (Fig. 1A) mostra a mudança de cor da amostra durante a alteração dos pHs do meio de reação;

(B) : Concentração de prata no interior das fibras de HA-Ag preparadas em diferentes pHs.

Condições experimentais: Fibra de hialuronano (0,1 g, 0,26 mM); 25 ml de metanol; 700 μl de AgNO3 (10 mM), temperatura, 60° C; tempo de reação 60 min.

A Figura 2.2 mostra as imagens de microscopia eletrónica de transmissão (TEM) e o histograma de distribuição do tamanho das partículas de nanopartículas de prata preparadas com diferentes pHs. O tamanho médio das nanopartículas esféricas de Ag tornou-se mais pequeno com o aumento dos valores de pH, que é de cerca de 45, 35, 20, 10 e 6 nm na figura (2a-e) correspondendo a 4, 6, 9, 10 e 11,5 de valor de pH, respetivamente.

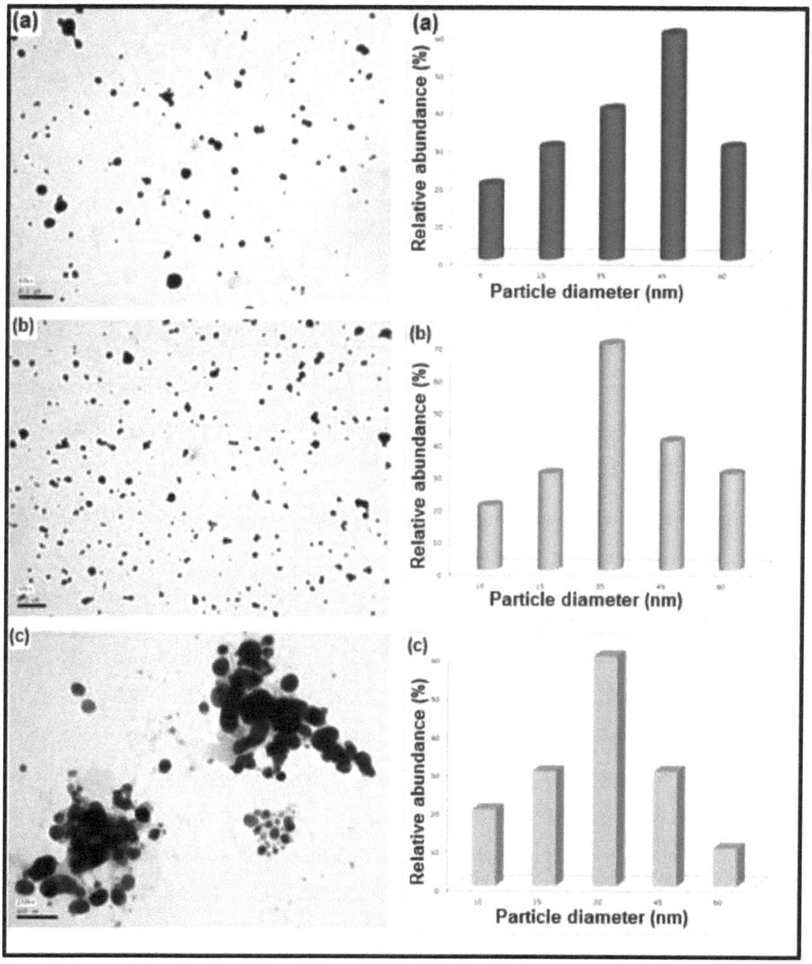

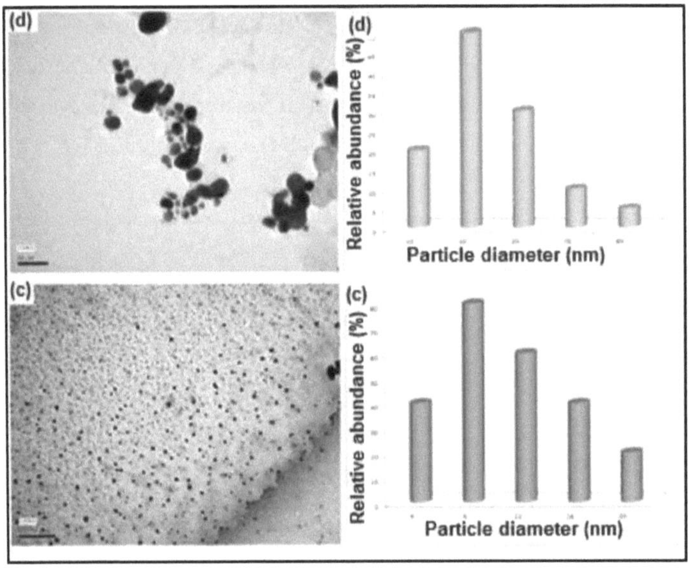

Figura 2.2: Imagens de microscopia eletrónica de transmissão e respectivas distribuições granulométricas das nanopartículas de prata sobre ácido hialurónico nos pHs do meio de preparação. **(a)**: pH 4; **(b)**: pH 6; **(c):** pH 9; **(d):** pH 10; **(e)**: pH 11,5.

Condições experimentais: Fibra de hialuronano (0,1 g, 0,26 mM); 700 µl de AgNO3 (10 mM), temperatura, 60° C; tempo de reação 60 min.

2.3.2.2. Concentrações de nitrato de prata

Nesta parte do nosso trabalho, concentrámo-nos na relação entre a concentração de AgNO3 na mistura de reação preparativa e as nanopartículas de Ag^0 resultantes. A Figura 2.3a mostra os espectros UV/Vis de Ag^0 resultantes da incorporação de diferentes quantidades de nitrato de prata (0,1-15 mM). Como se pode verificar, o pico de absorção a cerca de 410 nm é constituinte da nanopartícula de prata. A partir dos dados obtidos, pode concluir-se que uma maior concentração de nitrato de prata (0,1-15 mM) conduz a um maior número de nanopartículas de prata (Figura 2.3b). Este resultado é principalmente atribuído ao facto de a taxa de nucleação espontânea aumentar significativamente a taxa de crescimento das nanopartículas de prata. Formou-se um grande número de núcleos durante a explosão de nucleação. No entanto, as doses de tamanho de partícula não se tornaram maiores devido à presença de macromoléculas de fibra de hialuronano. Por conseguinte, é possível obter uma grande quantidade de nanopartículas de prata com partículas de tamanho reduzido.

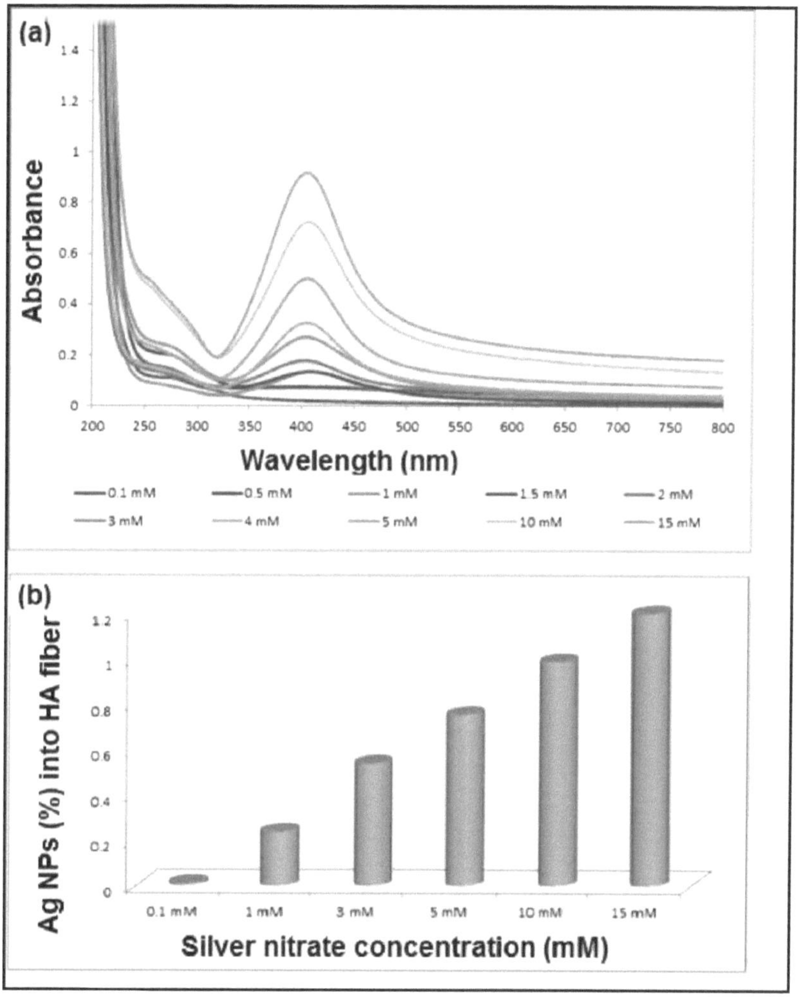

Figura 2.3:

(a) : Espectroscopia UV/Vis de nanopartículas de prata preparadas com diferentes concentrações de nitrato de prata;

(b) : Percentagem de nanopartículas de prata incorporadas na fibra HA-Ag.

Condições experimentais: Fibra de hialuronano (0,1 g, 0,26 mM); temperatura 60° C; tempo de reação 60 min; 25 ml de metanol; pH 11,5.

2.3.2.3. TEM e histograma de nanopartículas de prata preparadas com diferentes concentrações de nitrato de prata

A Figura 2.4 mostra a micrografia TEM e a correspondente distribuição do tamanho das partículas de nanopartículas de prata com diferentes concentrações de nitrato de prata. A Figura 2.4a mostra a TEM de nanopartículas de prata com uma concentração de 0,1 mM de nitrato de prata. A reação foi preparada com 0,1 g de fibra de hialuronano dispersa em 25 ml de metanol. O pH do meio de reação foi ajustado para pH 11,5 e a reação foi deixada a decorrer a 60 °C durante 1 h, tendo em conta que o volume total da reação é de 25 ml. Consequentemente, a Figura 2.4b ilustra um histograma que mostra a distribuição do tamanho das partículas de Ag NPs a uma concentração de AgNO3 de 1 mM (700 µl). As Figuras (2.4c-f) mostram o TEM de nanopartículas de prata com uma concentração diferente de nitrato de prata (3, 5, 10, 15 mM), respetivamente. Os histogramas mostram as distribuições do tamanho das partículas de nanopartículas de prata. A partir dos resultados obtidos, pode concluir-se que, a uma concentração de AgNO3 superior a 10 mM (700 µl), ocorre uma agregação das partículas (Figura 2.4f). Por conseguinte, no que respeita à preparação de fibras com nanopartículas de prata bem distribuídas, a concentração mais adequada de AgNO3 na preparação é de 10 mM.

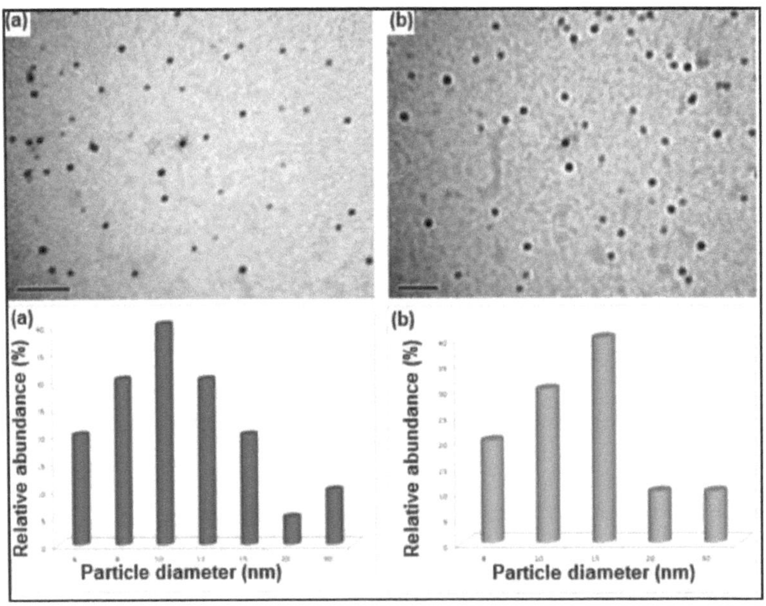

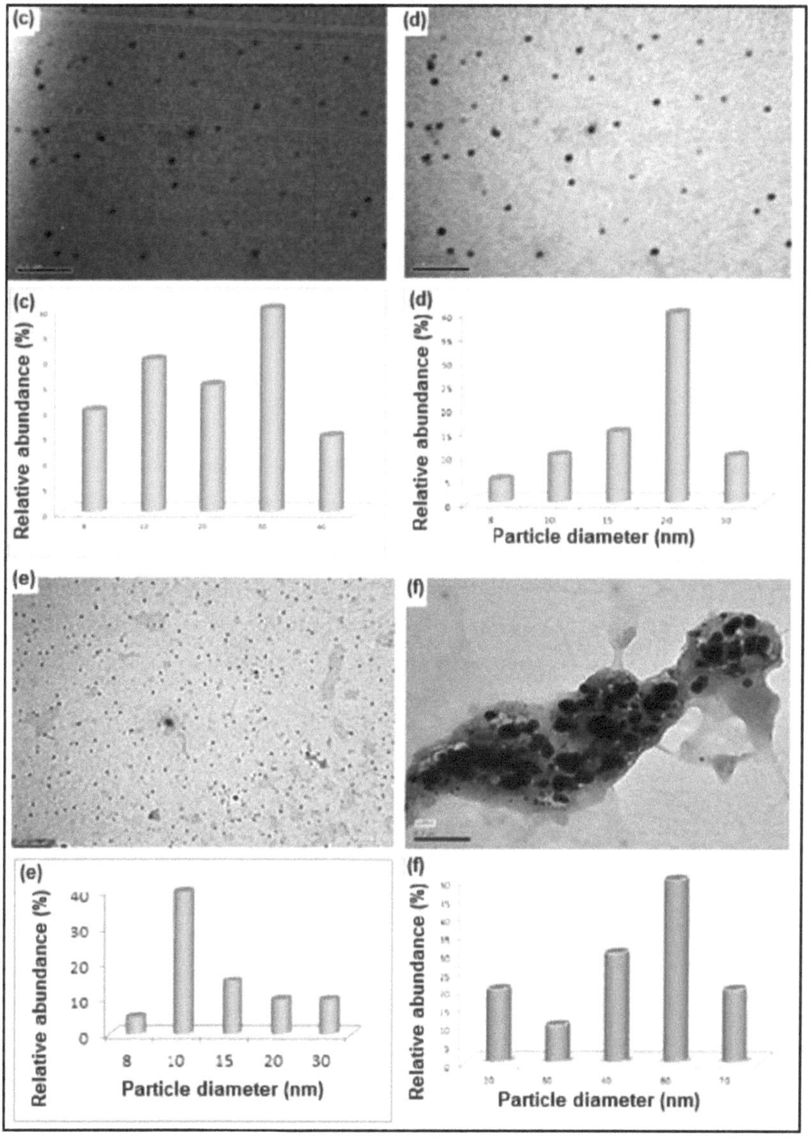

Figura 2.4: Imagens TEM e histograma mostrando o tamanho de partícula correspondente e a distribuição de tamanho de partícula de nanopartículas de prata em diferentes concentrações de nitrato de prata; **(a):** 0,1 mM; **(b):** 1 mM; **(c)** 3 mM; **(d):** 5 mM; **(e):** 10 mM; **(f):** 15 mM. **Condições experimentais:** fibra de hialuronano (0,1 g, 0,26 mM); temperatura 60° C; tempo de reação 60 min; 25 ml de metanol; pH 11,5.

2.3.2.4. Efeitos do tempo e da temperatura na preparação de HA-Ag NPs

A formação de nanopartículas de prata no interior da fibra pode ser facilmente seguida através das suas alterações de cor distintas, em que, poucos minutos após a reação, a cor da fibra passou de amarelada pálida a vermelha pálida. O efeito do tempo de reação nas nanopartículas de prata preparadas está resumido na Figura 2.5a. Após 15 minutos de reação, surgiu uma ligeira banda de absorção a 405 nm, que se tornou claramente visível aos 45 minutos, sugerindo a presença de nanopartículas de prata esféricas no sistema(47) . No entanto, um maior aumento do tempo de reação aumenta significativamente a intensidade do pico de absorção (405 nm) e surge um certo "alargamento vermelho" deste pico, ambos factos que sugerem o aumento do número de nanopartículas(48) .

A Figura 2.5b mostra o efeito da temperatura de reação na redução $Ag^+ \rightarrow Ag^0$ em que as experiências foram realizadas nas condições de reação: o volume de nitrato de prata 700 µl (10 mM), pH 11,5. Sabe-se que a banda de absorção aparece a 405-433 nm devido à ressonância plasmónica de superfície. Os dados indicam que a 40-50° C a eficiência de redução não é suficiente para a transformação completa de Ag^+ em nanopartículas de prata (picos fracos caraterísticos de Ag^+ são encontrados no comprimento de onda de 270 nm). O aumento da temperatura de reação acima de 6075° C leva ao desaparecimento do pico caraterístico do Ag^+ , indicando a sua transformação completa em Ag^0 .

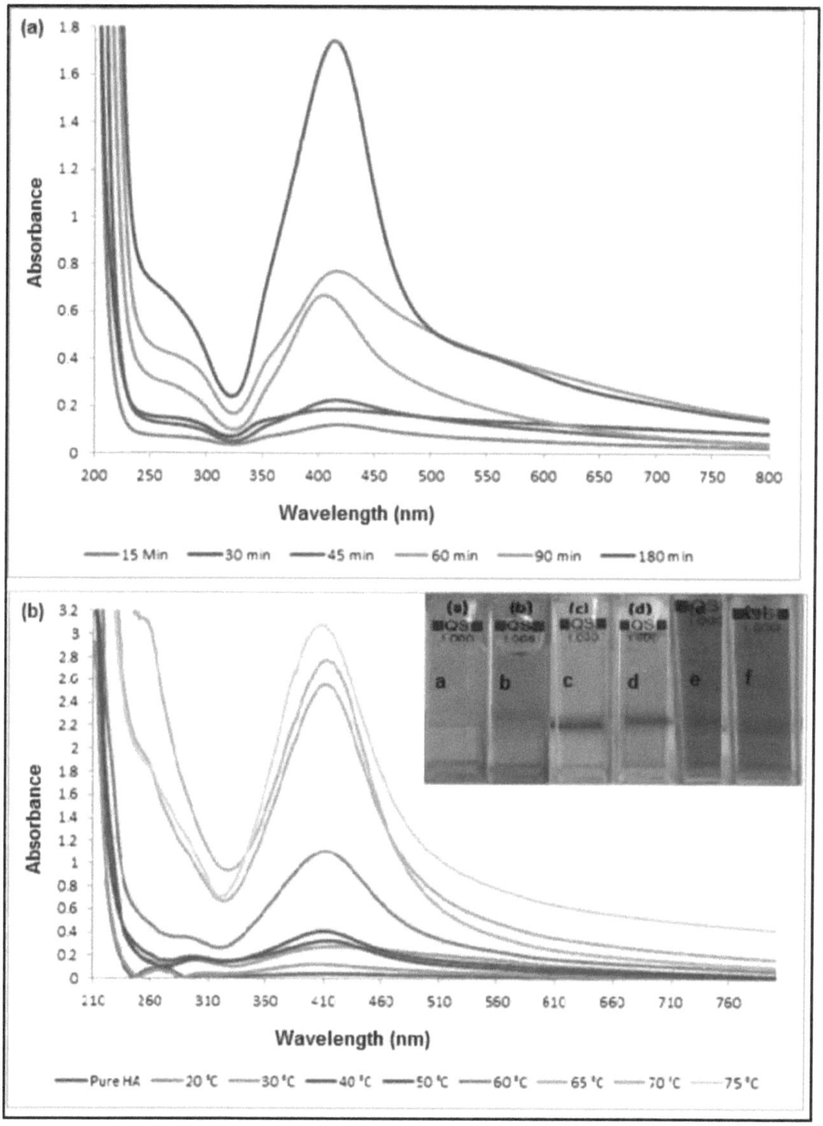

Figura 2.5: Espectroscopia UV/Vis de nanopartículas de prata de fibras de hialuronano

(a): Espectro UV/Vis das nanopartículas de prata preparadas em diferentes tempos;

(b): Espectros UV/Vis das nanopartículas de prata preparadas a diferentes temperaturas.

2.3.2.5. Efeitos da concentração de fibra de hialuronano e do tempo de armazenamento na preparação de nanopartículas de prata

A Figura 2.6a mostra os espectros de absorção UV/Vis das nanopartículas de prata preparadas através da utilização de fibras de hialuronano em diferentes concentrações (0,025-2 %) à concentração fixa de nitrato de prata (700 µl, 10 mM) e a pH 11,5. Os dados revelam que, independentemente das fibras hialurónicas utilizadas, são formadas bandas de Plasmon semelhantes nos comprimentos de onda ~ 405-410 nm com a forma de sino. Este fenómeno é caraterístico da formação de nanopartículas de Ag^0 . Também é evidente que há um aumento gradual da intensidade de absorção, aumentando as fibras de hialuronano até 2 %, o que pode ser atribuído ao aumento da eficiência de estabilização das nanopartículas de prata formadas. Também deve ser mencionado que mesmo a menor quantidade de fibras de HA no meio de reação (0,4 %) é suficiente para a redução total de Ag^+ a Ag^0 . O estudo acima mencionado concluiu as condições óptimas para a produção de fibras de hialuronano incorporadas por nanopartículas de prata.

Por conseguinte, foi preparada uma amostra óptima à temperatura ambiente (Figura 2.6a), que foi depois armazenada numa sala escura para a avaliação da estabilidade. Assim, a estabilidade da amostra preparada foi avaliada num período de 3 meses. A estabilidade das Ag NPs durante o tempo de armazenamento foi rastreada em diferentes períodos de envelhecimento pela espetroscopia UV/Vis para amostras diluídas/dissolvidas 10 vezes com água desmineralizada. Como se pode ver na figura 2.6b, a intensidade da banda de absorção de Plasmon apresentou uma ligeira diminuição após 90 dias. Além disso, o máximo do pico de absorção foi quase o mesmo que o da amostra preparada: 408 nm contra 403 nm para a amostra envelhecida durante 90 dias. A partir destes resultados, acredita-se que as NPs de Ag em fibras de hialuronano são muito estáveis contra a agregação durante vários meses.

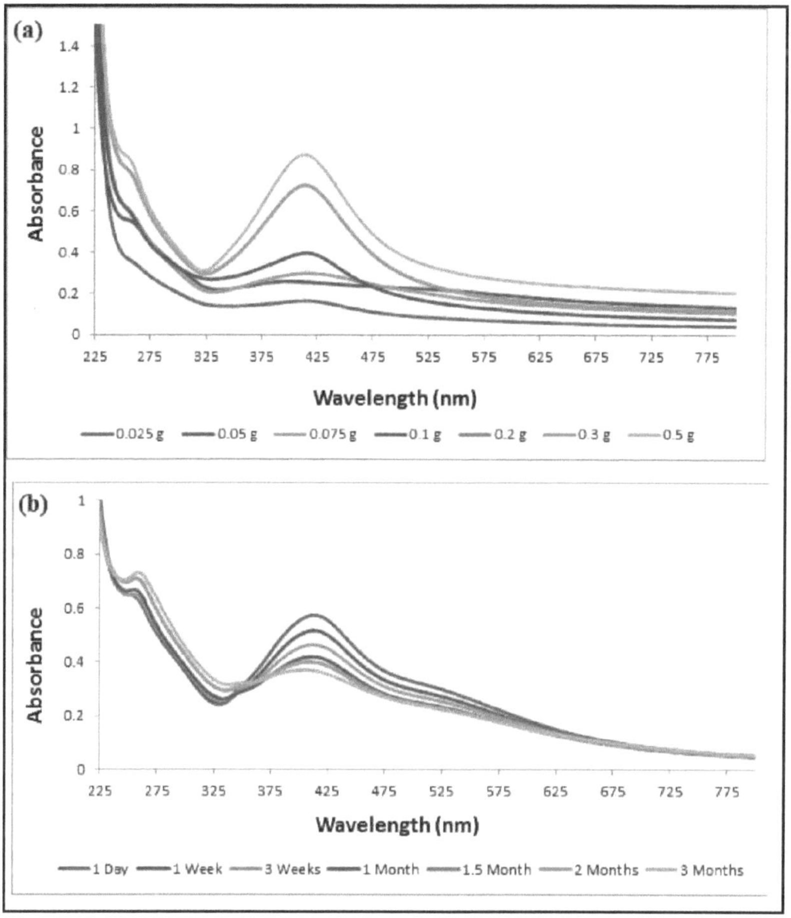

Figura 2.6: Espectroscopia UV/Vis de nanopartículas de prata de fibras de hialuronano

(a): Espectros UV/Vis de nanopartículas de prata preparadas com diferentes concentrações de fibra de HA;

(b): Efeito do tempo de armazenamento na fibra de hialuronano com nanopartículas de prata (10 mM).

2.3.2.6. Fotografia, difração de raios X em pó e SEM de fibra de hialuronano com nanopartículas de prata

A Figura 2.7A mostra as fotografias da fibra de hialuronano puro (incolor) e das fibras com nanopartículas de prata. Para investigar a estrutura cristalina da fibra hialurónica pura e das nanopartículas de prata após o envelhecimento, as amostras foram analisadas por XRD em pó (Figura

2.7B).

O diagrama de difração da fibra de hialuronano puro (Figura 2.7B-a) mostra apenas um pico largo com um máximo de 2θ cerca de 20° relacionado com o hialuronano. Esta banda larga também é preservada nos difractogramas de ambas as amostras de fibras hialurónicas com nanopartículas de prata (Figura 2.7B-b, c). Os picos de XRD a 2θ = graus de 38,1, 44,3, 64,5 e 77,5 podem ser atribuídos às linhas de difração (111), (200), (220) e (311) da estrutura cristalina cúbica de face centrada (fcc) da prata metálica. A linha de difração observada a 2θ = 30,9° (distância entre camadas de 2,888 Â) corresponde à distância entre camadas dos planos (110) da prata (2,889 Â), mas estes planos não deveriam difratar no caso da estrutura fcc. Parece provável que, durante a formação das nanopartículas de prata, a disposição fcc da prata tenha sido distorcida devido a uma deslocação das camadas de átomos de prata ou que, numa nanopartícula, as regras de seleção não sejam completamente válidas.

A Figura 2.7C mostra as fotografias SEM da fibra de hialuronano puro e das NPs de Ag na fibra de hialuronano. A Figura (2.7C-a) mostra a fibra de hialuronano puro preparada pela técnica de fiação húmida e pode ser visto que a fibra preparada tem uma estrutura lisa e homogénea. A mesma conclusão pode ser feita para as fibras com diferentes concentrações de nanopartículas de prata incorporadas (Figura 2.7C- b-e).

A Figura 2.7 D mostra a energia dispersiva de raios X (EDX) da fibra de hialuronano com nanopartículas de prata. É apresentado o espetro de EDX registado numa amostra examinada. Na parte esquerda do espetro apresentado, podem ver-se claramente os picos situados entre 0,2 Kv que provêm claramente do carbono, e também os picos a 0,5 Kv que estão ligados à linha caraterística do oxigénio, e um pico situado nos átomos de prata a 3 Kv. As manchas de carbono e de oxigénio nas amostras examinadas confirmam a presença de cadeias estabilizadoras de hialuronano.

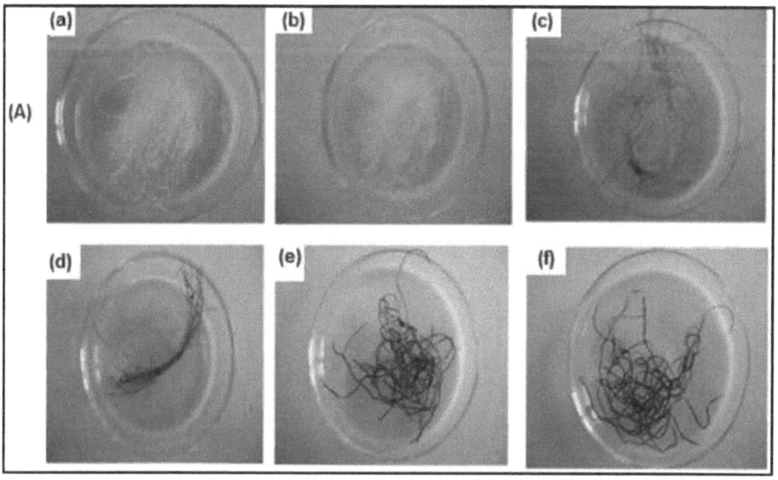

Figura 2.7 (A): Fotografias de fibras de hialuronano com nanopartículas de prata

(a): Fibra de hialuronano pura; **(b):** Fibra de hialuronano com nanopartículas de prata (0,1 mM); **(c):** Fibra de hialuronano com nanopartículas de prata (0,5 mM); **(d):** Fibra de hialuronano com nanopartículas de prata (1 mM); **(e):** Fibra de hialuronano com nanopartículas de prata (5 mM); **(f):** Fibra de hialuronano com nanopartículas de prata (10 mM).

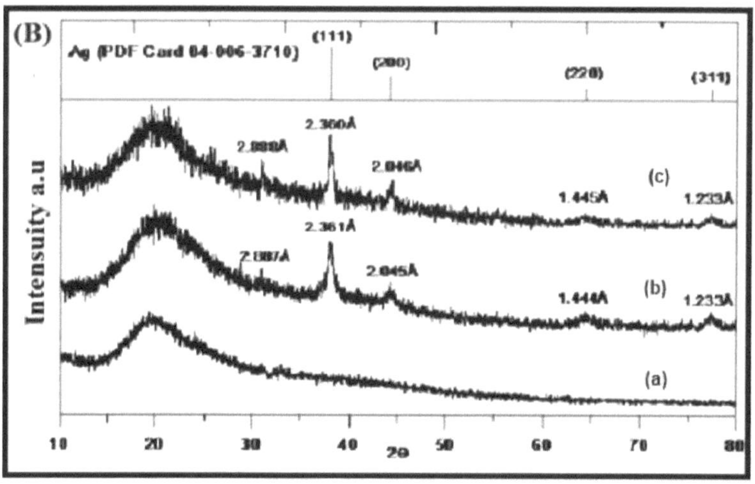

Figura 2.7 (B): XRD de fibras de hialuronano com nanopartículas de prata

(a): Fibra de hialuronano puro; **(b):** Fibras de hialuronano com nanopartículas de prata (5 mM); **(c):** Fibras de hialuronano com nanopartículas de prata (10 mM).

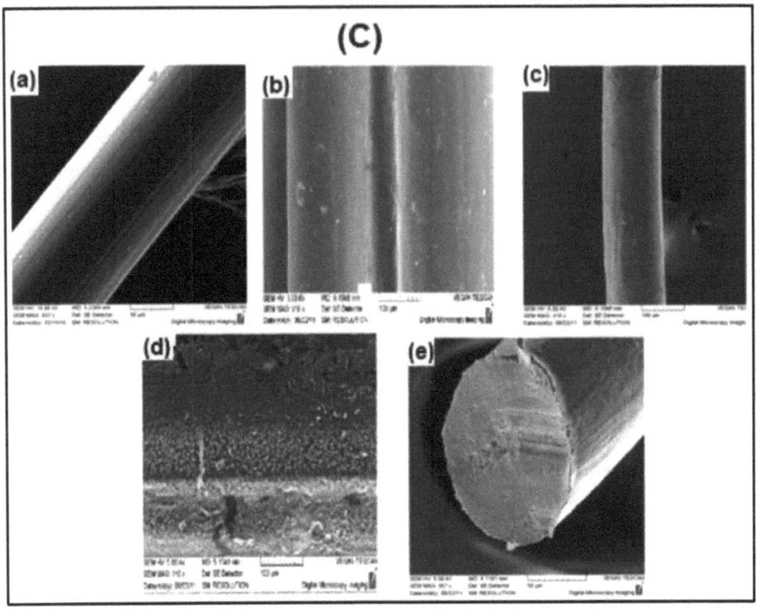

Figura 2.7 (C): SEM de fibras de hialuronano com nanopartículas de prata **(a):** Fibra hialurónica pura; **(b):** Fibra hialurónica com nitrato de prata (1mM); **(c):** Fibras hialurónicas com nanopartículas de prata (5mM); **(d):** Fibras hialurónicas com nanopartículas de prata (10mM); **(e):** Secção transversal da nanopartícula de prata incorporada nas fibras de hialuronano (10 mM).

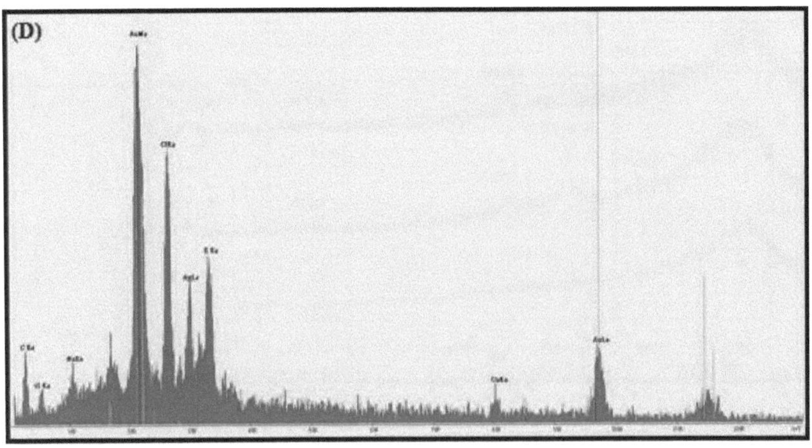

Figura 2.7 (D): EDX da fibra de hialuronano com nanopartículas de prata

2.3.2.7. Efeito da concentração de nanopartículas de prata nas propriedades mecânicas das fibras de hialuronano

A Tabela 2.1 mostra as propriedades mecânicas das fibras de hialuronano com diferentes quantidades de nanopartículas de Ag^0 . A partir dos dados obtidos, pode concluir-se que todas as fibras preparadas podem ser utilizadas para o fabrico de materiais têxteis através de técnicas têxteis clássicas (têxteis tecidos ou não tecidos).

Tabela 2.1: Efeito da concentração de nitrato de prata nas propriedades mecânicas da fibra de hialuronano

Concentração de nitrato de prata mM	*Finura (tex)*	*Carga de rotura (N)*	*Deformação por tração (mm/mm)*	*Módulo de Young (gf/tex)*	*Resistência (GPa)*	*Resistência relativa (mN/dtex)*
Fibra de hialuronano pura	73.14	4.23	0.11	122.21	0.65	3.37
0,1 mM	94.07	2.9	0.07	81.95	0.41	1.83
0,5 mM	67.81	3.91	0.09	120.25	0.68	3.39
1 mM	64.51	3.58	0.1	123.43	1.47	3.17
1,5 mM	76.52	3.09	0.06	97.99	0.88	2.32
2 mM	74.28	1.86	0.04	63.52	0.51	1.47
3 mM	55.18	3.63	0.08	231.78	1.13	3.68
4 mM	52.61	3.09	0.04	224.25	0.56	3.34
5 mM	44.34	2.52	0.04	175.03	0.89	3.33
10 mM	62.88	4.04	0.09	230.31	1.41	4.48

Condições de reação: fibra de hialuronano (0,1 g, 0,26 mM); volume de metanol, 25 ml; pH, 11,5; tempo de duração, 60 min; temperatura de reação, 60 °C.

2.3.2.8. Dispersão bidimensional de raios X (2D SWAXS)

A Figura 2.8 mostra o padrão (2D SWAXS) das fibras de hialuronano e das fibras com nanopartículas de prata. As fibras de hialuronano foram medidas utilizando a câmara SWAXS Molmet. A sua viabilidade para este fim foi testada medindo uma fibra comercial. Foi utilizado um primeiro detetor SAXS 2D para sondar a região q= (0,5-10) nm^{-1} (ver secção 2.3.6). Isto não forneceu muita informação útil. Por conseguinte, foi utilizada a placa de imagem (IP) e a sua distância à amostra foi optimizada para cerca de 0,2 m. Deste modo, foram obtidas imagens 2D que sondam a gama q=(4 -

30)nm^{-1} . Estas correspondem aos dados SAXS no seu lado de baixo q, aos dados de difração de pó q= (7,11 - 52,45nm^{-1}) (ver secção 2.2.3.6) no seu lado de alto q e contêm as informações mais interessantes obtidas por dispersão de raios X. Além disso, tratamos apenas dos dados de PI, mas as duas regiões sondadas poderiam ser utilizadas, por exemplo, para ajustar um modelo estrutural. Aqui mostramos a nossa técnica aplicada a três amostras: fibra de hialuronano puro e duas fibras com diferentes concentrações de nitrato de prata 5 mM e 10 mM, designadas por "0", "5" e "10", respetivamente. A imagem de dispersão das fibras hialurónicas puras, figura 2.8A, mostra uma cristalinidade não mensurável e uma orientação muito fraca, avaliada apenas a partir de uma ligeira assimetria entre as reflexões meridiana e equatorial. A imagem de dispersão da fibra de hialuronano (10 mM), Figura 2.7B, mostra que a adição de NPs Ag pode ter melhorado a cristalinidade, que ainda é impossível de ver e avaliar, mas a orientação parece ter aumentado consideravelmente.

A qualidade extremamente fraca da dispersão não permite uma indexação fiável e a construção de um modelo razoável e, assim, interpretar as alterações causadas pela adição de prata precisamente com base num modelo estrutural. A orientação pode ser estimada a partir da diferença dos perfis equatorial e meridiano na figura 2.8C. Parece provável que a adição de Ag melhore a orientação, mas o aumento do dobro da concentração de Ag de 5 mM para 10 mM não provoca grandes alterações. Para avaliar a orientação com maior precisão, utilizámos perfis azimutais na região dos primeiros máximos q=0,665 A^{-1} que estão presentes nos difractogramas das três amostras. Os perfis azimutais normalizados são apresentados na figura 2.8D. O perfil da amostra "0" não tratada difere claramente dos outros dois perfis das amostras "5" e "10" com Ag adicionada. Para expressar isso quantitativamente, avaliamos a largura de cada perfil pelo seu segundo momento central σ e estimamos a orientação usando um fator de orientação simples ofact= (90- σ)/90. Esta fórmula tinha sido utilizada na literatura em casos semelhantes de dados de fraca qualidade. Ela dá 1 para amostras totalmente orientadas e 0 para amostras totalmente não orientadas. Para as amostras "0", "5" e "10", σ é 51, 45 e 47 e ofact é 0,43, 0,48 e 0,49, respetivamente. O nosso fator de orientação não é muito sensível e, por exemplo, não ilustra numericamente de forma suficiente a diferença claramente visível na figura 2.8. No entanto, com base nele, podemos tirar as seguintes conclusões:

1) Mesmo a amostra "0" não tratada está ligeiramente orientada

2) A adição de nanopartículas de Ag melhora a orientação, mas não há diferença significativa mesmo quando se duplica a concentração de 5 mM para 10 mM.

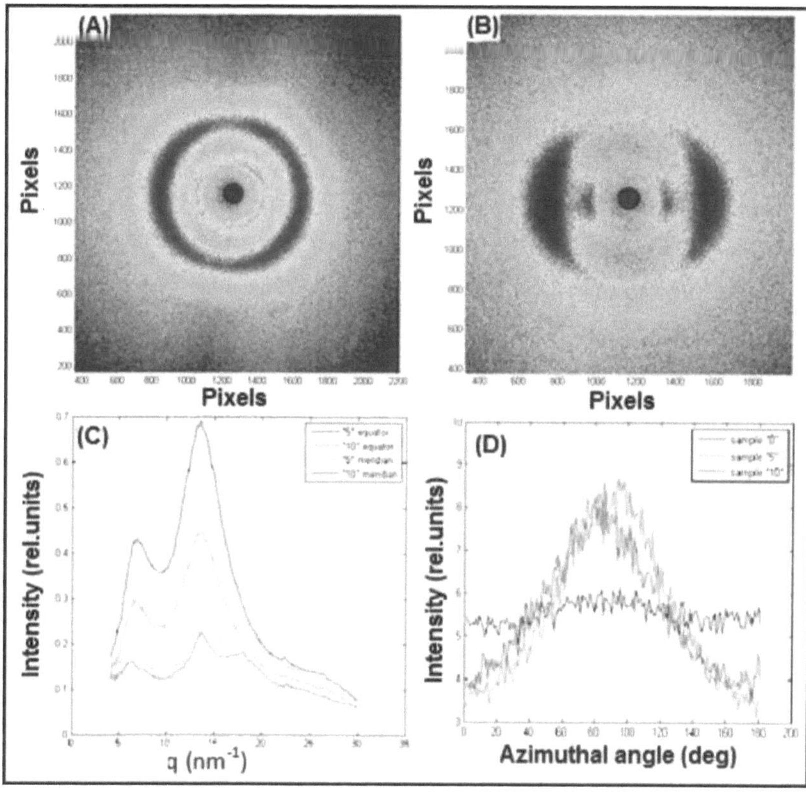

Figura 2.8: 2D-SWAXS de

(a) : Fibras puras de hialuronano montadas verticalmente (um pouco fora do eixo). A sua orientação pode ser vista pela ligeira diferença entre as reflexões meridiana e equatorial;

(b) : Fibras de hialuronano incorporadas em nanopartículas de prata (5 mM) montadas verticalmente (um pouco fora do eixo). Aqui, a diferença entre as reflexões meridianas e equatoriais é claramente realçada;

(c) : Comparação das reflexões meridianas e equatoriais das fibras (5 mM e 10 mM). Os pequenos picos em $q=22{,}253 nm^{-1}$ e $q=26{,}82\ nm^{-1}$ correspondem aos picos [110] e [111] da Ag, que também são observados por difração de pó e discutidos na secção apropriada;

(d) : Comparação dos perfis azimutais normalizados da primeira reflexão forte para as amostras de ácido hialurónico puro, fibras de hialuronano e fibras de hialuronano tratadas com (5 mM e 10 mM) de nitrato de prata. O tratamento com nanopartículas de prata aumenta aparentemente a orientação.

2.3.2.9. Efeito da fibra de hialuronano com nanopartículas de prata na viabilidade celular

A Figura 2.9 mostra o efeito do hialuronano puro inicial (10-1000 μg/ml; Fig. 2.

9 a, b), fibra de hialuronano (10-1000 μg/ml; Fig. 2.9 c, d), e fibras de hialuronano com nanopartículas de prata com diferentes tamanhos de partículas (10-1000 Lg/ml; Fig. 2.9 e, f-10 nm), (g, h-40 nm) na viabilidade celular da linha de células NIH 3T3. O teste de viabilidade MTT foi utilizado para obter informações básicas sobre o metabolismo e a proliferação celular. O ensaio MTT baseia-se na redução do sal de tetrazólio amarelo a cristais de formazan púrpura insolúveis por células metabolicamente viáveis. O ensaio MTT é rápido, versátil, quantitativo, altamente reprodutível e é útil em programas de rastreio. O ensaio MTT fornece os dados de segurança fundamentais necessários para os seguintes ensaios.

Com base nos resultados obtidos da viabilidade celular, o hialuronano e a fibra de hialuronano pura (até 1000 μ g/ml) não foram citotóxicos para a linha celular NIH 3T3. A viabilidade das células após o seu tratamento não foi significativamente alterada em todo o intervalo monitorizado 24-72 horas após o tratamento (Fig. 2.9 a-d).

Efeito do tamanho das partículas de Ag NPs na viabilidade celular (figura 2.9. e-h), a figura (2.9. e-h) mostra a viabilidade celular da fibra de hialuronano com partículas de nanopartículas de prata de tamanho aproximado de 10 e 40 nm medida pela técnica DLS. As NPs de HA-Ag (10 e 40 nm) com concentração de (10-100 Lig/ml) não foram tóxicas (Fig. 2.9 e, g), mas as NPs de HA-Ag, em que a concentração foi de até 100 Lig/ml, foram citotóxicas até 100 L g/ml foram citotóxicas após 48 e 72 horas (Fig. 2.9 f, h). Estes resultados mostraram que a fibra de hialuronano com nanopartículas de prata com diferentes tamanhos de partícula 10, 40 nm para uma concentração até 100 L g/ml era segura para as próximas experiências de atividade biológica.

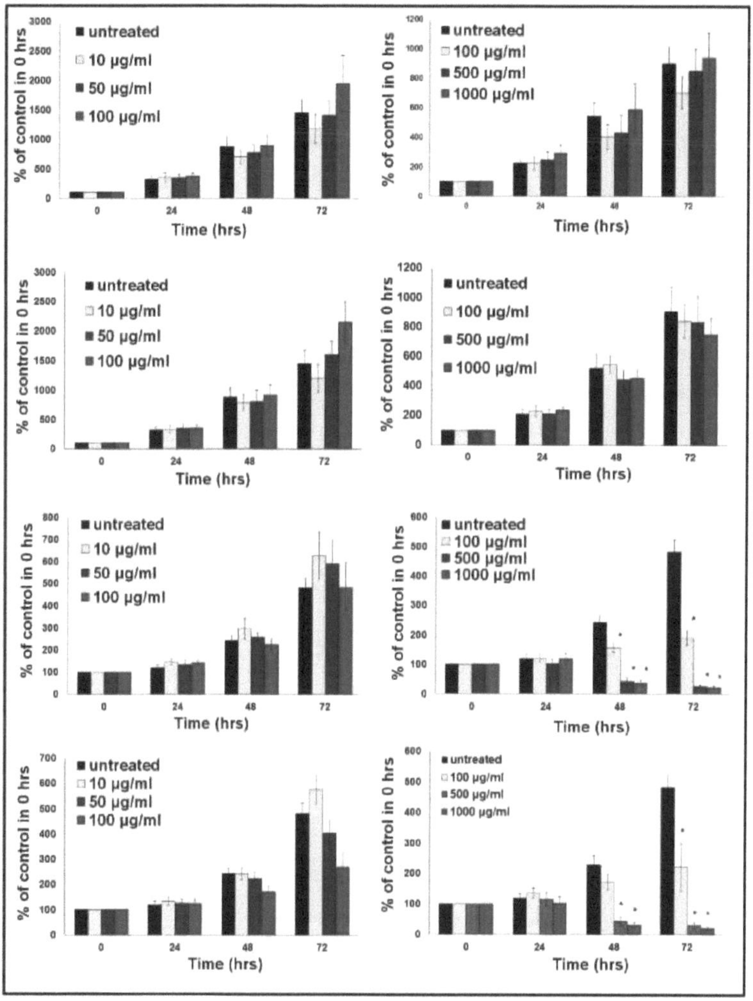

Figura 2.9: Efeito do hialironano, da fibra de hialuronano e da fibra de hialuronano com nanopartículas de prata (HA-Ag NPs) na viabilidade celular em diferentes tempos e diferentes concentrações dos componentes.

(a): Concentração de hialuronano (10-100 µg/ml), viabilidade de 3T3, MTT, n=6; **(b):** Concentração de hialuronano (100-1000 µg/ml), viabilidade de 3T3, MTT, n=6; **(c)**: Concentração de fibras de hialuronano (10-100 ^Lg/ml). Viabilidade 3T3, MTT, n=6; **(d)**: Concentração de fibras de hialuronano (100-1000 µg/ml), viabilidade 3T3, MTT, n=6; **(e):** NPs de HA-Ag com tamanho de partícula de 10 nm (10100 µg/ml), viabilidade 3T3, MTT, n=6; **(f)**: HA-Ag NPs com tamanho de partícula 10 nm (100-1000 µg/ml), viabilidade 3T3, MTT, n=6; **(g):** NPs de HA-Ag com tamanho de partícula 40 nm (10-100 µg/ml), viabilidade 3T3, MTT, n=6; **(h)**:

NPs de HA-Ag com tamanho de partícula 40 nm (100-1000 µg/ml), viabilidade de 3T3, MTT, n=6.

2.3.2.10. Análise termogravimétrica (TGA), termogravimétrica diferencial (DTG) e calorimétrica diferencial de varrimento (DSC)

A Figura 2.10 mostra a análise gravimétrica térmica (TGA), a análise térmica diferencial (DTG) e a calorimetria de varrimento diferencial (DSC) do hialuronano inicial, das fibras de hialuronano puro e das fibras de hialuronano com nanopartículas de prata.

A Figura 2.10 (a, b, c) mostra a TGA e a DTG do hialuronano inicial, das fibras de hialuronano e das fibras de hialuronano com nanopartículas de prata, respetivamente. As três amostras apresentam um comportamento diferente. A primeira perda de massa é da mesma quantidade relativa (cerca de 10%), mas é "terminada" a diferentes temperaturas: $t_{\text{fibra de hialuronano}} < t_{\text{hialuronano}} < t$ fibra de hialuronano com nanopartículas de prata. Pode ser atribuída à perda (evaporação) de água ou de outros componentes voláteis. O fim desta primeira perda de massa provavelmente não se deve à evaporação completa, mas ao início da degradação da amostra - a ordem das temperaturas pode ser considerada como um indicador da estabilidade das amostras, que está a aumentar na ordem fibra de hialuronano < hialuronano < fibra de hialuronano com nanopartículas de prata. Assim, a produção de fibras de hialuronano diminui a sua estabilidade, as fibras que contêm prata são um pouco mais estáveis do que as fibras de hialuronano puro e as fibras de hialuronano.

Os dados do registo DTG da fibra de hialuronano (Fig. 2.10 a) mostram dois picos que indicam dois processos de degradação; a existência do segundo pico é sugerida também para o hialuronano (Fig. 2.10 c). Isto pode indicar que o fabrico de fibras a partir de hialuronano mantém o seu padrão de degradação, mas transfere-o para temperaturas mais baixas. As nanopartículas de prata nas fibras parecem suprimir o primeiro passo de degradação (embora mantendo a deslocação do segundo passo) - os grupos funcionais degradados neste passo devem ser bloqueados pela prata. Esta interpretação baseia-se na coincidência do segundo pico de DTG da fibra de hialuronano (Fig. 2.10 a) e do pico de DTG da amostra de fibra de hialuronano com nanopartículas de prata (Fig. 2.10 c).

As massas residuais eram diferentes para as três amostras diferentes de fibra de hialuronano, fibra de hialuronano incorporada com nanopartículas de prata e hialuronano puro: 25,05, 34,45 e 39,9%, respetivamente, mas a perda de massa não foi concluída à temperatura mais elevada utilizada de 400 °C. Isto pode ser atribuído ao processo complexo que inclui a desidratação de unidades de dissacarídeos nas cadeias de hialuronano. As figuras (2.10 d, e, f) mostram a calorimetria diferencial de varrimento (DSC) do hialuronano, das fibras de hialuronano puro e das fibras de hialuronano com nanopartículas de prata. Até cerca de 180 °C, o comportamento de todas as amostras é semelhante - pico endotérmico largo, não muito distinto para o hialuronano, fibras de hialuronano puro e fibras de hialuronano com nanopartículas de prata - figura 2.10 (e, f), respetivamente, atribuível à evaporação da água e dos voláteis. Isto está de acordo com os registos TG. Acima desta temperatura, o comportamento das fibras de hialuronano puro e das fibras de hialuronano com nanopartículas de prata (Fig.2.10 e, f) é semelhante e significativamente diferente do hialuronano (Fig.2.10 d). O hialuronano (fig. 2.10 d) apresenta um pico exotérmico principal que parece ser, de facto, composto por dois picos. Isto corresponde à degradação mostrada também no registo TG, incluindo a correspondência no intervalo de temperaturas de degradação e a indicação de dois picos no registo DTG. As fibras de hialuronano puro e as fibras de hialuronano com nanopartículas de prata (fig.2.10 e, f) apresentam registos compostos a temperaturas mais baixas que também correspondem aos registos TG. Primeiro, é indicado um pequeno pico exotérmico seguido de uma resposta endotérmica mais forte com forma irregular, indicando que pode refletir vários processos, que parecem passar para uma resposta exotérmica fraca. Esta resposta complexa não é fácil de analisar e exigiria medições repetidas, bem como a avaliação de picos muito amplos ou fracos acima de 240-250 °C.

De um modo geral, o fabrico de fibras alterou significativamente o padrão de degradação do hialuronano, tal como detectado por DSC. O pico principal de degradação do hialuronano (exotérmico) é quase "removido" e "transformado" numa resposta endotérmica (que provavelmente cobre a resposta exotérmica). Esta alteração não parece dever-se ao efeito das nanopartículas de prata, mas sim ao processo de fabrico das fibras. O pico endotérmico principal pode ser atribuído a;

- alguma transição de fase (mas TG mostra diminuição de massa) de estruturas formadas ou de impurezas aprisionadas durante o processo de fabrico de fibras,

- Reação endotérmica destas impurezas com o oxigénio (se não for medida em atmosfera inerte); mas as oxidações devem ser exotérmicas.

Tendo em conta os registos de TG, parece que a perda de massa corresponde à primeira parte, exotérmica, dos picos de DSC das fibras de hialuronano puro e das fibras de hialuronano com nanopartículas de prata (fig. 2.10 e, f) a cerca de 190 °C e a parte seguinte, endotérmica, abrange os processos detectados por TG. Seria desejável determinar, para além das temperaturas de pico, também as temperaturas de início para os registos TG e DSC. A partir dos registos de dados de TGA, DTG e DSC, verificou-se um efeito significativo do processo de fabrico de fibras no comportamento térmico do hialuronano. A adição de nanopartículas de prata tem apenas um efeito menor na temperatura de início da degradação térmica, mas provavelmente influencia o seu mecanismo. Durante o processo de fabrico das fibras, formam-se algumas estruturas que sofrem uma transformação endotérmica a cerca de 200 °C (juntamente com a degradação das fibras). Estas estruturas podem ser formadas pelo rearranjo das cadeias de hialuronano durante o processo de preparação da fibra e das nanopartículas de prata. A transformação endotérmica ocorre ao mesmo tempo que a degradação principal das fibras, indicando a existência de (pelo menos) um sistema de duas fases nas fibras.

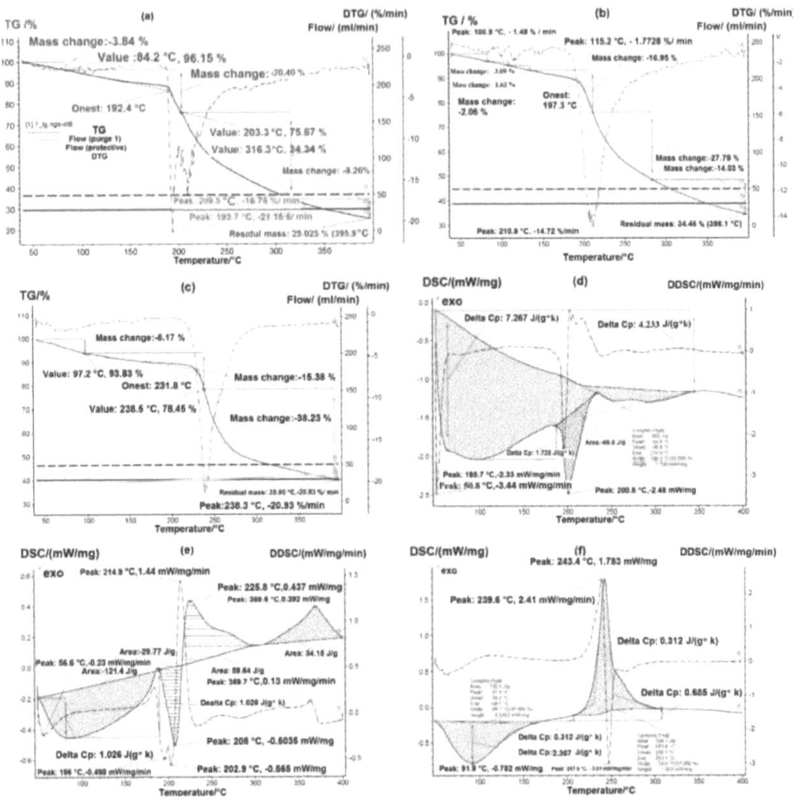

Figura 2.10: TGA, DTG e DSC de hialuronano puro, fibra de hialuronano, fibra de hialuronano com nanopartículas de prata

(a): TGA, DTG do hialuronano; **(b):** TGA, DTG da fibra de hialuronano; **(c):** TGA, DTG da fibra de hialuronano com nanopartículas de prata; **(d):** DSC do hialuronano; **(e):** DSC da fibra de hialuronano; **(f):** fibra de hialuronano com nanopartículas de prata.

Condições experimentais: fibra de hialuronano (0,1 g, 0,26 Mm); temperatura 60° C; tempo de reação 60 min; pH 11,5; concentração de AgNO3 10 mM (700 µl); tamanho das partículas 10 nm.

2.3.2.11. Efeito de diferentes solventes na preparação de nanopartículas de prata

Os espectros UV-Vis, o microscópio eletrónico de transmissão (TEM) e a dispersão dinâmica da luz (DLS) das fibras de hialuronano com nanopartículas de prata (HA-Ag NPs) preparadas em diferentes meios solventes são apresentados na figura 2.11.

A figura 2.11 (a, a1, a2) mostra os espectros UV/Vis, TEM e DLS de HA-Ag NPs utilizando o meio solvente metanol, respetivamente, a partir das medições DLS, as nanopartículas de prata têm um tamanho médio de partícula de aproximadamente 9,7±0,5 nm. A partir da figura 2.11 (b, b1, b2), as fibras de hialuronano com nanopartículas de prata foram preparadas em etanol como sistema solvente. A partir dos dados de DLS, as NPs de HA-Ag têm um tamanho de partícula de 9,7 ± 0,5 nm, que é semelhante ao do metanol, o que pode ser o poder de redução do metanol e do etanol. Fig. 2.11 (c, c1, c2) Espectros UV/Vis, TEM e DLS de HA-Ag NPs utilizando propan-2-ol como meio dispersivo, o tamanho das partículas da fibra de hialuronano incorporada com nanopartículas de prata a partir de dados de DLS, o tamanho das partículas de nanopartículas de prata é de aproximadamente 3,50 ± 5 nm.

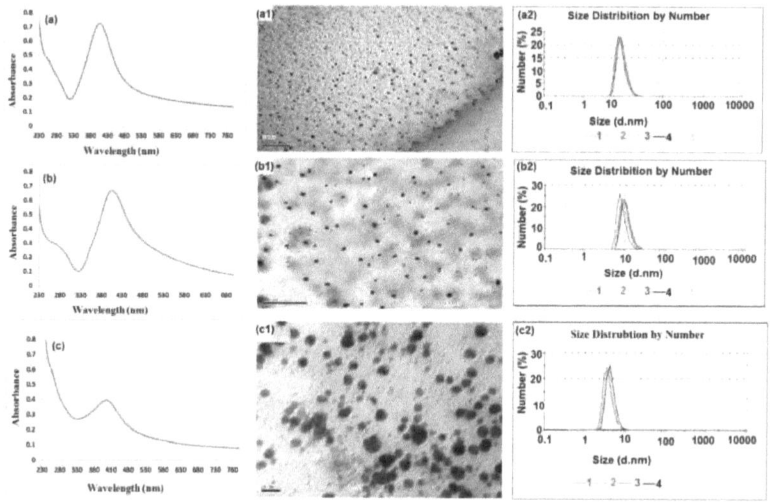

Figura 2.11: Efeito de diferentes solventes no tamanho das partículas de nanopartículas de prata

(a, a1, a2): Espectros UV/Vis, TEM e DLS de NPs HA-Ag utilizando metanol como meio;

(b, b1, b2): Espectros UV/Vis, TEM e DLS de NPs de HA-Ag utilizando etanol como meio;

(c, c1, c2): Espectros UV/Vis, TEM e DLS de NPs de HA-Ag utilizando propan-2-ol como meio.

Condições experimentais: fibra de hialuronano (0,1 g, 0,26 Mm); temperatura 60· C; tempo de reação 60 min; pH 11,5; concentração de AgNO3 10 mM (700 μl); tamanho das partículas 10 nm.

2.3.2.12. SEM da fibra de hialuronano com nanopartículas de prata em diferentes meios solventes

A Figura 2.12 mostra a microscopia eletrónica de varrimento das fibras de hialuronano com nanopartículas de prata preparadas em diferentes sistemas de solventes. Pode observar-se que a morfologia da superfície e a secção transversal das NPs HA-Ag são mais lisas, claras e homogéneas no caso do metanol utilizado como solvente do que nas fibras preparadas com etanol e propan-2-ol, respetivamente.

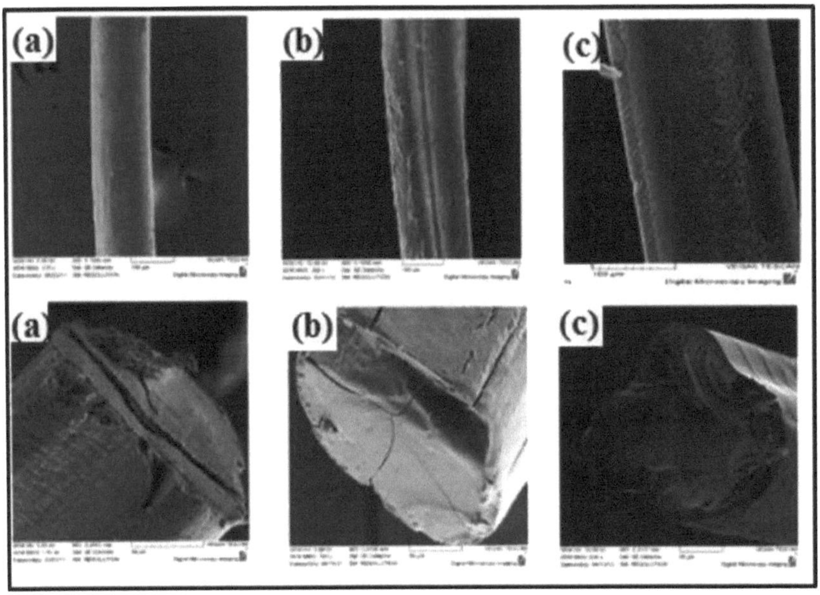

Figura 2.12: SEM da fibra de hialuronano com nanopartículas de prata em diferentes meios solventes.

(a, b, c): secção da superfície de magnitude (lado esquerdo) e secção transversal da fibra de HA/Ag NPs (lado direito); **(a):** Metanol; **(b):** Etanol; **(c):** Propan-2-ol.

Condições experimentais: fibra de hialuronano (0,1 g, 0,26 Mm); temperatura 60· C; tempo de reação 60 min; pH 11,5; concentração de AgNO3 10 mM (700 µl); tamanho das partículas 10 nm.

2.3.2.13. XPS da fibra de hialuronano com nanopartículas de prata

Para tornar claro o estado de encapsulamento das nanopartículas de prata obtidas, foi utilizada a técnica XPS para detetar a composição das nanopartículas de prata (Fig. 2.13). A energia de ligação foi referenciada ao padrão C 1s a 284,667 eV. A Figura 2.13 a) mostra os espectros de XPS da fibra de hialuronano com nanopartículas de prata; os átomos de C, N, O, Na e Ag foram detectados e não foram encontrados outros picos óbvios, indicando a elevada pureza da amostra. As energias de ligação a 284,182 eV e 399,66 eV resultaram de C 1s e N 1s, respetivamente (Fig. 2.13 b, c). O pico de N 1s foi resolvido em dois picos a 399,346 e 398,867 eV, respetivamente. O pico de 398,867 eV sugere a presença de átomos de azoto carregados, indicando uma interação eletrostática com a superfície de prata. O pico a 399,66 eV foi atribuído a unidades C-N, o que sugere a interação entre estes átomos de N e as nanopartículas de prata. A partir dos espectros de Ag 3d (figura 2.13 d), as energias de ligação para Ag *3d5/2* e Ag *3d3/2* foram encontradas em 367,329 eV e 373,392 eV, respetivamente, que foram comparadas com os respectivos níveis de núcleo de cristais de Ag em massa (368 e 374 eV)(49) . Além disso, a largura estreita dos picos sugeriu que apenas a prata de elemento único estava presente no sistema e forneceu provas do encapsulamento de nanopartículas de prata de valência zero por macromoléculas de fibra de hialuronano. Os resultados dos espectros XPS revelaram que a fibra de hialuronano podia estabilizar as nanopartículas de prata contra a agregação e forneceram provas de apoio para a estrutura de nanopartículas de prata encapsuladas em fibra de hialuronano.

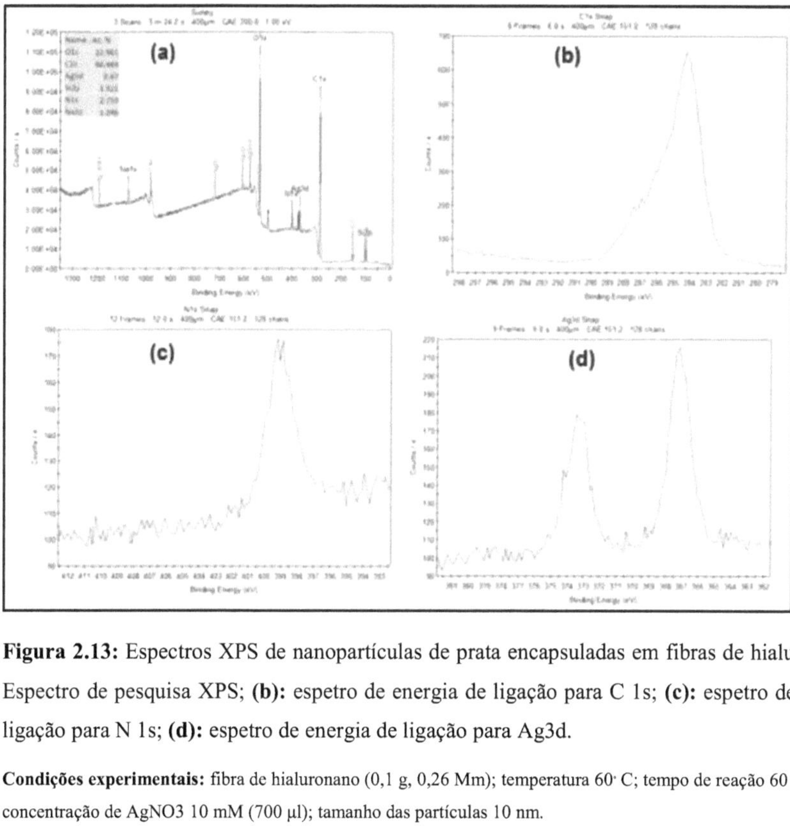

Figura 2.13: Espectros XPS de nanopartículas de prata encapsuladas em fibras de hialuronano **(a):** Espectro de pesquisa XPS; **(b):** espetro de energia de ligação para C 1s; **(c):** espetro de energia de ligação para N 1s; **(d):** espetro de energia de ligação para Ag3d.

Condições experimentais: fibra de hialuronano (0,1 g, 0,26 Mm); temperatura 60· C; tempo de reação 60 min; pH 11,5; concentração de AgNO3 10 mM (700 μl); tamanho das partículas 10 nm.

2.3.2.14. Atividade antibacteriana de nanopartículas de hialuronano-prata (HA-Ag NPs)

Os valores da zona de inibição foram determinados para as amostras preparadas que foram testadas contra dois tipos de bactérias, Escherichia coli (E. coli) e Staphylococcus aureus (S. aureus) de nanopartículas de prata-fibra de hialuronano (HA-Ag NPs). Os resultados e as imagens das zonas de inibição foram apresentados como valores médios (mm), como se mostra na Fig. 2.14. Os dados obtidos demonstram que todas as nanopartículas de prata-fibra de hialuronano investigadas (NPs HA-

Ag) tinham uma atividade antibacteriana relativamente elevada e quase semelhante contra bactérias Gram-positivas (S. aureus) e Gram-negativas (E. coli) em comparação com a do controlo. Esta atividade antibacteriana relativamente elevada pode ser atribuída ao tamanho e à elevada área de superfície das nanopartículas de prata-fibra de hialuronano, que lhes permitiu atingir facilmente o conteúdo nuclear das bactérias[(50-55)] . Também é evidente a partir dos dados da Fig. 2.14 que o aumento da concentração das nanopartículas de fibra de hialuronano e prata aumenta os valores da zona de inibição.

O mecanismo do efeito bactericida das partículas coloidais de prata contra as bactérias não é muito bem conhecido. É possível que as Ag NPs actuem de forma semelhante aos agentes antimicrobianos utilizados no tratamento de infecções bacterianas. Estes agentes apresentam quatro mecanismos de ação diferentes: (1) interferência na síntese da parede celular, (2) inibição da síntese de proteínas, (3) interferência na síntese de ácidos nucleicos e (4) inibição de uma via metabólica[(56)] . Três mecanismos de ação diferentes das Ag NPs foram propostos por Feng et al[(57)] :

Em primeiro lugar, as NPs Ag fixam-se à superfície da membrana celular e perturbam as suas funções de energia, como a permeabilidade e a respiração[(58)] . A plasmólise (separação do citoplasma da parede celular bacteriana) em P. aeruginosa e a inibição da síntese da parede celular bacteriana em S. aureus foram registadas por Song et al[(59)] . É razoável afirmar que a ligação das partículas às bactérias depende da interação da área de superfície disponível. As partículas mais pequenas, com uma maior área de superfície disponível para interação, terão um efeito bactericida mais forte do que as partículas maiores[(60)] . Isto está moderadamente de acordo com os resultados apresentados na figura 2.14.

Em segundo lugar, as NPs Ag são capazes de penetrar nas bactérias e causar mais danos, possivelmente através da interação com compostos contendo enxofre e fósforo, como o ADN[(61)] . Raffi e colaboradores[(62)] registaram imagens TEM de NPs Ag nas membranas das bactérias, bem como no seu interior. Além disso, pensa-se que as NPs Ag, após penetração nas bactérias, inactivaram as suas enzimas, gerando peróxido de hidrogénio e causando a morte das células bacterianas[(62,64)] .

Além disso, acredita-se que a elevada afinidade da prata pelo enxofre ou fósforo é o elemento chave da sua propriedade antibacteriana, uma vez que o enxofre e o fósforo se encontram em abundância na membrana celular. As NPs de Ag reagem com proteínas que contêm enxofre dentro ou fora da membrana celular, o que, por sua vez, afecta a viabilidade celular[(63)] .

Em terceiro lugar, as NPs Ag libertam iões de prata, que contribuem adicionalmente para o efeito bactericida[(57)] . De facto, Morones et al[(65)] mostraram que as NPs Ag (onde a prata está presente na forma Ag^0) também contêm concentrações micro molares de Ag^+ , e mostraram que Ag^+ e Ag^0 contribuem ambos para a atividade antibacteriana. O mecanismo de inibição dos iões de prata nos microrganismos é parcialmente conhecido. Pensa-se que o ADN perde a sua capacidade de replicação e que as proteínas celulares ficam inactivadas com o tratamento com iões de prata[66,67] . Foi demonstrado que concentrações mais elevadas de iões Ag^+ interagem com componentes citoplasmáticos e ácidos nucleicos[57,68] .

O efeito antibacteriano das NPs de Ag determinado neste estudo foi considerado semelhante ao descrito em relatórios anteriores[60] , o tamanho das partículas tem um efeito sobre os micróbios; o efeito aumenta com o tamanho mais pequeno das partículas. No nosso caso, temos uma distribuição de tamanhos de partículas com um diâmetro médio que varia entre 10 nm e 60 nm. A partir dos resultados da figura 2.14, podemos dizer que existe uma relação entre o tamanho das nanopartículas e a atividade bacteriana. Apesar da forte atividade antibacteriana das nanopartículas de fibra de hialuronano-prata desenvolvidas, são necessários mais estudos para investigar os seus efeitos bactericidas em diferentes tipos de bactérias para um potencial alargamento das suas aplicações, especialmente para aplicações médicas, como a cicatrização de feridas e pensos.

	Control	0.1 mM	0.5 mM	1 mM
E. coli Gram negative	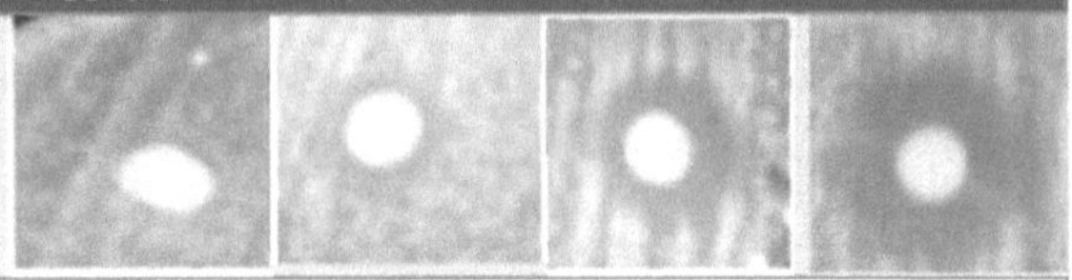			
Particle size (nm)	0	10	12	15
Inhibition zone (mm)	0	5	10	14
	3 mM	5 mM	10 mM	15 mM
E. coli Gram negative	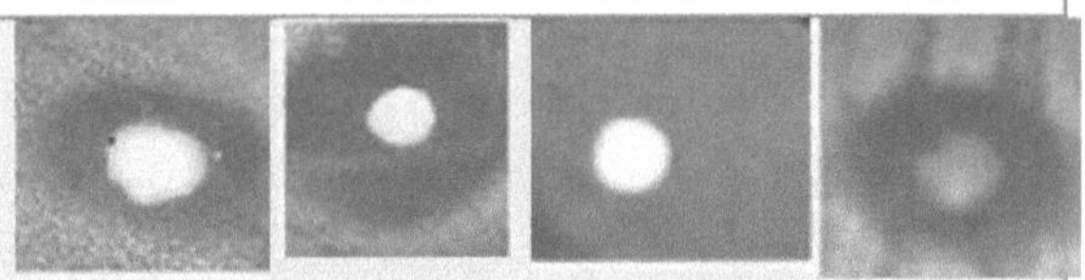			
Particle size (nm)	30	9	10	60
Inhibition zone (mm)	14	25	40	16
	Control	0.1 mM	0.5 mM	1 mM
S. aureus Gram positive	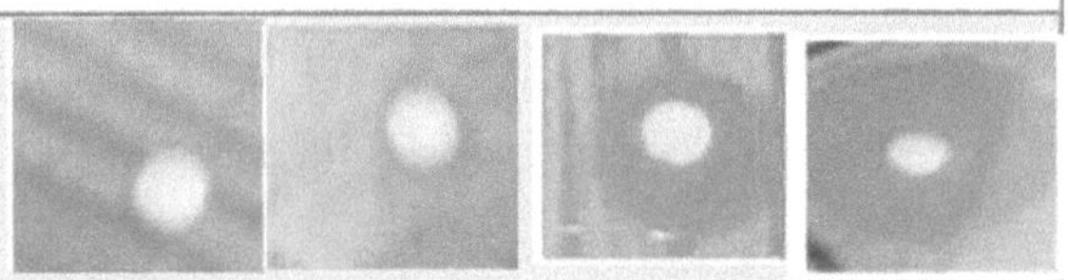			
Particle size (nm)	0	6	12	18
Inhibition zone (mm)	0	4	10	17
	3 mM	5 mM	10 mM	15 mM
S. aureus Gram positive	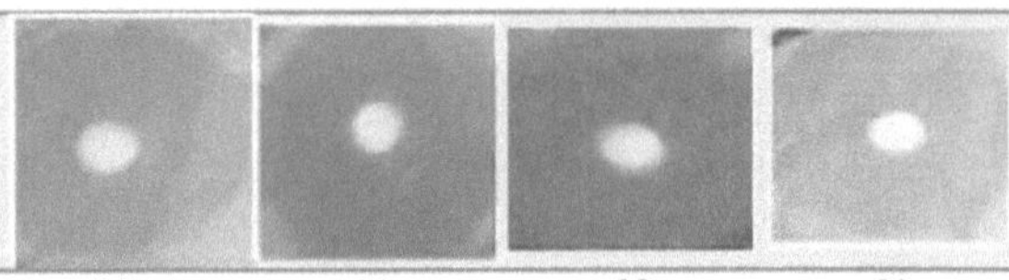			
Particle size (nm)	20	21	38	20
Inhibition zone (mm)	20	25	28	35

Figura 2.14: Comparação do teste da zona de inibição entre bactérias Gram-negativas e Gram-positivas (Escherichia coli (E. coli) e Staphylococcus aureus (S. aureus) de nanopartículas de prata-fibra de hialuronano (HA-Ag NPs) com diferentes concentrações de nitrato de prata e diferentes tamanhos de partículas.

2.3.2.15. FTIR da fibra de hialuronano com nanopartículas de prata

A Figura 2.15 mostra os espectros de FTIR do hialuronano, das fibras de hialuronano e das fibras de hialuronano com nanopartículas de prata preparadas em diferentes meios solventes (metanol, etanol e propan-2-ol). A partir dos espectros FTIR não há novas bandas causadas pela preparação de nanopartículas de prata em diferentes meios solventes.

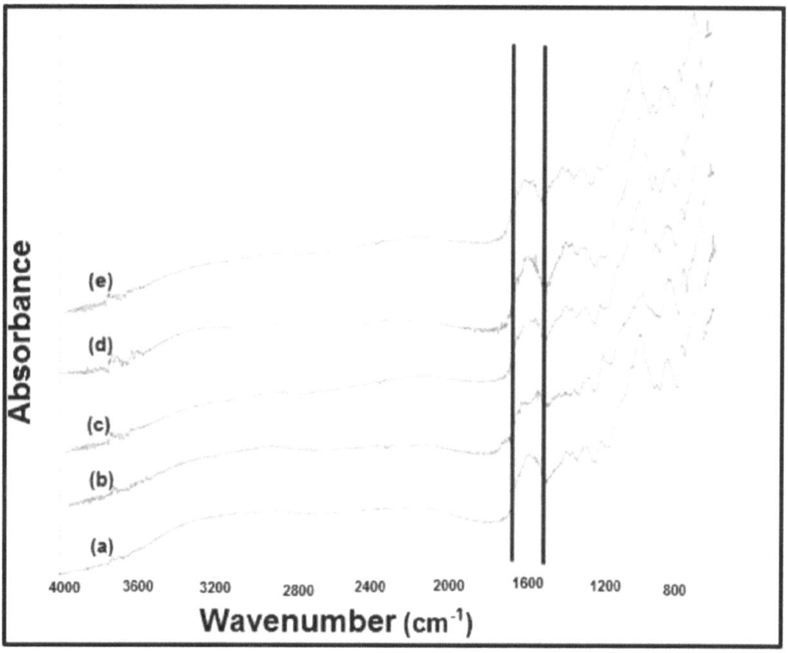

Figura 2.15: Espectros FTIR da fibra de hialuronano com nanopartículas de prata preparadas em diferentes sistemas de solventes

(a): hialuronano inicial; (b) fibra de hialuronano; (c) HA-Ag NPs em metanol; (d) HAAg NPs em etanol; (e) HA-Ag NPs em propan-2-ol.

Condições experimentais: fibra de hialuronano (0,1 g, 0,26 Mm); temperatura 60· C; tempo de reação 60 min; pH 11,5; concentração de AgNO3 10 mM (700 μl); tamanho das partículas 10 nm.

2.3.2.16. Espectros de RMN de hialuronano, fibra de hialuronano com nanopartículas de prata

A Figura 2.16 mostra o^{13} C-NMR da fibra de hialuronano (Figura 2.16a) e da fibra de hialuronano com nanopartículas de prata (Figura 2.16b). Ambos os espectros mostram ressonâncias típicas do ácido hialurónico: Ressonâncias C=O a cerca de 170 ppm, C anomérico a 106-103 ppm, sinais esqueléticos de 85-54 ppm e sinal CH3 a 22 ppm. O sinal adicional a 23,7 ppm pode ser atribuído à ressonância de metilo do solvente residual. As pequenas deslocações químicas dos sinais C=O e as ressonâncias esqueléticas a 74 ppm podem ser explicadas pelo facto de a fibra de hialuronano ter sido analisada na sua forma sódica, enquanto a fibra de hialuronano com nanopartículas de prata foi analisada na sua forma ácida. Comparando os sinais na Figura 2.16, é evidente que durante a preparação de nanopartículas de prata com fibra de hialuronano não houve oxidação significativa do hialuronano original. Este resultado sugere que o agente redutor da Ag^+ é, de facto, o álcool utilizado. Após a reação com as nanopartículas de prata, a fibra de hialuronano ainda mantém as suas ressonâncias originais com intensidades relativas comparáveis. Portanto, a fibra de hialuronano serviu principalmente como agente estabilizador e de cobertura e a redução química do nitrato de prata em nanopartículas de prata foi causada pelo sistema de solventes utilizado (metanol, etanol e propan-2-ol).

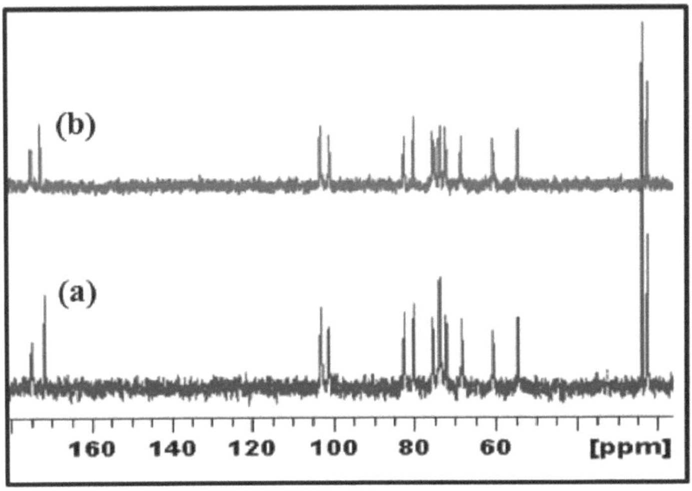

Figura 2.16:[13] Espectros de RMN-C da fibra de hialuronano com nanopartículas de prata pH 11,5; concentração de AgNO3 10 mM (700 µl); tamanho de partícula 10 nm.

Condições experimentais: fibra de hialuronano (0,1 g, 0,26 Mm); temperatura 60· C; tempo de reação 60 min; pH 11,5; concentração de AgNO3 10 mM (700 µl); tamanho das partículas 10 nm.

2.4. Conclusões

Abordagem ecológica e "verde" para a preparação de nanopartículas de prata utilizando fibras de hialuronano, a fibra de hialuronano actuou como um revestimento e estabilizador para as NPs de Ag formadas. A utilização de materiais amigos do ambiente (fibra de hialuronano) oferece inúmeras vantagens, desde a compatibilidade com o ambiente até à possibilidade de integração destes nanomateriais em sistemas biologicamente relevantes. A preparação das nanopartículas dependeu de uma concentração de fibras de hialuronano, bem como da concentração de nitrato de prata, para além do pH, da temperatura e da duração da reação de redução. A fibra de hialuronano foi preparada dissolvendo-a numa solução ligeiramente alcalina de hidróxido de sódio e centrifugando a solução envelhecida pela técnica de centrifugação húmida utilizando uma mistura de acético/metanol num banho de coagulação. A estrutura foi analisada por técnicas como TEM, XRD, espetroscopia UV/Vis, ICP OES, 2D SWAXS, DLS, XPS, SEM, TGA, DTG e DSC. As NPs de Ag assim obtidas incorporadas em fibras de hialuronano eram estáveis e permaneceram sem agregação durante mais de 90 dias. As propriedades mecânicas das fibras de hialuronano foram medidas após e antes da incorporação das nanopartículas de prata. Esta metodologia pode também ser adaptada à preparação de outras nanopartículas metálicas. Os resultados das nanopartículas de prata incorporadas em fibras de hialuronano mostraram uma elevada atividade biológica. A fibra de hialuronano com nanopartículas de prata não foi tóxica utilizando a linha celular de fibroblastos de rato NIH 3T3. Assim, as NPs de Ag incorporadas nas fibras de hialuronano podem ser utilizadas para diferentes fins biomédicos, especialmente na cicatrização de feridas e em pensos.

Referências

1. Chang, C., You, A. C. & Vincent, M. R. The biomacromolecule-nanoparticle interface. Nanotoday. **2007**, 2, 34-43.

2. Steffan, M., Steffan, A., Jakob, P., & Lang, H. Nanopartículas de prata suportadas em sílica a partir de um carboxilato de prata (I): Catalisador altamente ativo para hidrogenação regiosselectiva. Catalysis Communications. **2009**, **10**, 437-441.

3. Sun, Y., Yin, Y., Mayers, B. T., Herricks, T., & Xia, Y. N. Uniform silver nanowires synthesis by reducing AgNO3 with ethylene glycol in the presence of seeds and poly (vinyl pyrrolidone). Química dos Materiais. **2002**, 14, 47364745.

4. Chen, J.Y., Chen, D.L., Wang, J.F., Xi, L. m Au, A., Siekkinen, A., & Warsen, M. Immune gold nanocages with tailored optical properties for targeted photothermal destruction of cancer cells. Nano Letters. **2007**, 7, 1318-1322.

5. Du, W.L., Du, S.S., Niu, Y.L., Xu, Z.R., Xu & Fan, C.L. Antibacterial activity of chitosan tripolyphosphate nanoparticles loaded with various metal ions, Carbohydrate Polymers. **2009,** 75, 385-389.

6. Nogueira, H. I. S., Soares, C. R., Cruz, S. G., & Trindade, T. Adsorção de 2, 2- ditiodipiridina como ferramenta para a montagem de nanopartículas de prata. Journal of Material Chemistry. **2002**, 12, 2339-2342.

7. Hideki, S., Kanda, T., Shibata, H., Ohkubo, T., & Abe, M. Preparação de nanocápsulas de titânia do tipo núcleo/casca altamente dispersas contendo uma única nanopartícula de Ag. Journal of American Chemical Society. **2006**, 128, 4944-4945.

8. Pastoriza, S. I., & Liz, L. M. Formação e estabilização de nanopartículas de prata através da redução por *N,N-dimetil* formamida. Langmuir. **1999**, 15,948-951.

9. Van, H., Klemperer, D. L., Wo, G., & Zukoski, C. F. Characterization of colloidal stability during precipitation reactions. Langmuir. **2001,** 17, 3120-3127.

10. Lapcik, L., Smedt, D., Demeester, S., & Chabrecek, J. P. Hyaluronan: Preparation, Structure, Properties, and Applications. Chemical Review. **1998**, 9, 2663-2684.

11. Raveendran, P., Fu, J., & Wallen, S. L. Síntese completamente verde e estabilização de nanopartículas metálicas. Sociedade Americana de Química. **2003**, 125, 13940-13941.

12. Wan, A., Sun, Y., Li, G., & Li, H. L. Preparação de aspirina e probucol em nanopartículas de quitosano carregadas com combinações e estudo de libertação in vitro. Carbohydrate Polymers. **2009**, 75, 566-574.

13. Dash, M., Chiellini. F., Ottenbrite. R.M. & Chiellini. E. Chitosan-A versatile semi-synthetic polymer in biomedical applications. Progress in Polymer Science. **2011**, 26, 981-1014.

14. Muzzarelli, R.A.A. Compósitos de quitosana com inorgânicos, proteínas morfogenéticas e células-tronco, para regeneração óssea. Carbohydrate Polymers. **2011**, 83, 14331445.

15. Abdel-Mohsen, A. M., Aly, A. S., & Hrdina, R. Um novo método para a preparação de nanopartículas com núcleo de prata */quitosano-O-metoxi* polietilenoglicol. J Polym Environ. **2012**, 20, 459-468

16. Vigneshwaran, N., Nachane, R. P., Balasubramanya, R. H., & Varadarajan, P. V. Uma nova síntese verde de nanopartículas de prata estáveis utilizando amido solúvel. Carbohydrate Research. **2006**, 341, 2012-2018.

17. Raveendran, P., Fu, J., & Wallen, S. L. Um método simples e ecológico para a síntese de nanopartículas de Au, Ag e ligas de Au-Ag. Green Chemistry. **2006**, *8*, 34-38.

18. Lubomir, L. Jr., Stefan, D. S. & Joseph D., Peter, C. Hyaluronan: Preparation, Structure, Properties, and Applications. Chemical Review. **1998**, 98, 2663-2684.

19. Eriksson, S., Fraser, J. R. E., Laurent, T. C., Pertoft, H., & Smedsrod, B. As células endoteliais são um local de absorção e degradação do ácido hialurónico no fígado. Exp. Cell Research. **1983**, 144,223-228.

20. Reineck, I., Denna, J., Suleski, T. J., Lee, S. A., & Rupprecht, A. A Raman study of the hydration of wet-spun films of Li-hyaluronate. Journal of Bimolecular Structure and dynamics. **2003**, 21, 153-157.

21. Alkrad, J. A., Mrestani, Y., Stroehl, D., Wartewig, S., & Neubert, R. Characterization of enzymatically digested hyaluronic acid using NMR, Raman, IR, and UV-Vis spectroscopes. Journal of Pharmaceutical and Biomedical Analysis. **2003**, 31,545-550.

22. Tao, A., Kim, F., Hess, C., Goldberger, J., He, R. R., Sun, Y. G., Xia, Y. N., & Yang, P. D. Silver nanowire monolayers for molecular sensing using surface-enhanced Raman spectroscopy. Nano Letter. **2003**, 3, 1229-1233.

23. Kvitek, L., Prucek, R., Panacek, A., Novotny, R., Hrbac, J., & Zboril, R. The influence of complexing agent concentration on particle size in the process of SERS active silver colloid synthesis. Journal of Material Chemistry. **2005**, 15, 1099-1105.

24. Gao, S. Y., Zhang, H. J., Wang, X. M., Yang, J. H., Zhou, L., Peng, C. Y., Sun, D. H., & Li, M. Y. Unique gold sponges: biopolymer-assisted hydrothermal synthesis and potential application as surface-enhanced Raman scattering substrates. Nanotechnology. **2005**, 16, 2530-2535.

25. Templeton, A. C., Chen, S., Cross, S. M., & Murray, R. W. Aglomerados de ouro isoláveis e solúveis em água protegidos por monocamadas de tiopronina e coenzima A. Langmuir. **1999**, 15, 66-76.

26. Ji, M., Chen, X., Wai, C. M., & Fulton, J. L. Synthesizing and dispersing silver nanoparticles in a water-in-supercritical carbon dioxide microemulsion. Jornal da Sociedade Americana de Química. **1999**; 121, 2631-2632.

27. Shah, P. S., Holmes, J. D., Doty, R. C., Johnston, K. P., & Korgel, B. A. Steric Stabilization of Nanocrystals in Supercritical CO2 Using Fluorinated Ligands. Journal of American Chemical Society. **2000**, 122, 4245-4246.

28. Shameli, K., Ahmad, MB, & Yunus, W. Nanocompósitos de prata/poli (ácido lático): Preparação, caraterização e atividade antibacteriana. Revista Internacional de Nanomedicina. **2010**, 5, 573-579.

29. Shen, J., Shi, M., & Li, N. Síntese fácil e aplicação de nanocompósitos de grafeno convertidos quimicamente em Ag. Nano Research. **2010**, 3, 339-349.

30. Wu, M.L., Chen, D.H., Huang, TC. Evidência de nucleação mediada por sementes na redução química de sais de ouro a nanopartículas de ouro. Chemical Material. **2001**, l, 2313-2322.

31. Underhillm, RS, & Liu, G. Preparação e desempenho de partículas de Pd encapsuladas em nanoesferas de copolímero em bloco como catalisador de hidrogenação. Chemical Material. **2000**, 12, 3633-3641.

32. Mayer, ABR., Grebner, W., & Wannemacher, R. Preparação de compósitos de prata-látex. Journal of Physical Chemistry B. **2000**, 104, 7278-7285.

33. Torigoe, K., Suzuki, A., & Esumi, K. Interação Au (III)-PAMAM e formação de nanocompósitos Au-PAMAM em acetato de etilo. Journal of Colloid Interface Science. **2001**, 241,

346-356.

34. Henglein, A., & Giersig, M. Redução de Pt (II) por H2: Efeitos de citrato e NaOH e mecanismo de reação. Journal of Physical Chemistry B. **2000**, 104, 6767-6772.

35. Han, M.Y., Quek, CH., & Huang, W. Uma via química simples e eficaz para a preparação de colóides de ouro não aquosos uniformes. Chemical Material. **1999**, 11, 1144-1147.

36. Yin, Y., Li, Z.Y., & Zhong, Z. Síntese e caraterização de dispersões aquosas estáveis de nanopartículas de prata através do processo Tollens. Journal of Material Chemistry. **2002**, 12, 522-527.

37. Wang, Y., Ren, J., & Deng, K. Preparação de nanoclusters de platina, ródio e ruténio com pequenas dimensões de partículas em meios orgânicos. Chemical Material. **2000**, 12, 1622-1627.

38. Wang, J., Neoh, KG., & Kang, ET. Preparação de partículas metálicas nanosizadas em polianilina. J Colloid and Interface Science. **2001**, 239, 78-86.

39. Pathak, S., Greci, MT., & Kwong, RC. Synthesis and applications of palladium- coated poly (vinyl pyridine) nanospheres. Chemical Material. **2000**, 12, 19851989.

40. Tan, Y., Li, Y., & Zhu, D. Preparação de nanocristais de prata na presença de anilina. Journal of Colloid and Interface Science. **2003**, 258, 244-251.

41. Lim, B., Jiang, M., & Yu T. Mecanismos de nucleação e crescimento de nanodendritos bimetálicos de Pd-Pt e suas propriedades electrocatalíticas. Nano Research. **2010**, 3, 69-80.

42. Vistejnova L, Dvorakova J, Hasova M, Muthny T, Velebny V, Soucek K, Kubala L. A comparação do método de monitorização da proliferação celular baseado na impedância com as técnicas baseadas no metabolismo habitualmente utilizadas. Neuro Endocrinol Lett 30 Suppl. **2009,** 1,121-127.

43. Difco. Laboratories Incorporated Detroit Michigan, 482O1, U.S.A. **1969**.

44. Bauer, A.W., Kirby, M.M., Sherris, J.C., Truck, M. Antibiotic susceptibility testing by a standardized single disk method. American Journal of Clinical Pathology. **1966**; 45,493 6.

45. Burgert L., Hrdina R., Masek, D., & Velebny, V. Fibras de hialuronano, sua preparação e aplicação. CZ 302994 B6 **2012-0208**. CPN spol. s.r.o. Dolni Dobrouc, República Checa .

46. Sheng, Li., Yangyang, Z., xiaojuan, X., & Lina, Z. Polissacárido helicoidal triplo induziu uma boa dispersão de nanopartículas de prata na água. Biomacromolecules. **2011**, 12, 2864-2871.

47. Jradi, S., Balan, L., Zeng, X. H., Plain, J., Lougnot, D. J., & Royer, P. Síntese espacialmente controlada de nanopartículas e nanofios de prata por redução fotossensibilizada. Nanotecnologia.

2010, 21, 95605-95612.

48. Bohren, C. F., & Huffman, D. R. Absorption and Scattering of Light by Small Particles. New York: John Wiley & Sons Inc. **1998**, 210-231.

49. Sharma J, Chaki N K, Mandale A B, Pasricha R e Vijayamohanan K. Controlled interlinking of Au and Ag nanoclusters using 4-aminothiophenol as molecular interconnects. *J. Colloid Interface Sci.* **2004**, 272,145-52.

50. Chudasama, B., Vala, A.V., Andhariya, N. Enhanced antibacterial activity of bifunctional fe3o4 core-shell nanostructures. *Nano Research*. **2009**; 2:955-965.

51. Chen, S.F., Li J.P., Qian K., Xu W.P. Síntese fotoquímica em grande escala de nanocompósitos M@TiO2 (M = Ag, Pd, Au, Pt) e suas propriedades ópticas, desempenho de oxidação de CO e efeito antibacteriano. *Nano Res*. **2010**; 3:244-255.

52. Morones, J.R., Elechiguerra, J.L., Camacho, A. The bactericidal effect of silver nanoparticles. Nanotecnologia. **2005**, 16, 2346-2353.

53. Lee, D, Cohen RE, Rubner MF. Propriedades antibacterianas de multicamadas carregadas com nanopartículas de Ag e formação de antibacterilum magneticamente dirigido. Langmuir. **2005**, 2 1, 9651-9659.

54. Jeong, S.H., Hwnag, Y.H., Yi, S.C. Antibacterial properties of padded PP/PE nonwovens incorporating nano-sized silver colloids. J Mater Sci. **2005**; 40:54135418.

55. Lok, C. N., Ho, C. M., Chen, R., He, Q. Y., Yu, W. Y., & Sun, H. Análise proteómica do modo de ação antibacteriana das nanopartículas de prata. Journal of Proteome Release. **2006**, 5, 916-924.

56. Tenover, F.C. Mechanisms of antimicrobial resistance in bacteria (Mecanismos de resistência antimicrobiana em bactérias). Am J Med, **2006**, 119,-10.

57. Feng, Q.L., Wu J, Chen, G.Q., Cui, F.Z., Kim, T.N., Kim, J.O. Um estudo mecanicista do efeito antibacteriano dos iões de prata em E. coli e Staphylococcus aureus. J Biomed Mater Res. **2000**, 52, 662-8.

58. Murray, R.G.E., Steed P, Elson, H.E. The location of the mucopeptide in sections of the cell wall of Escherichia coli and other gram-negative bacteria. Can J Microbiol. **1965**, 11,547-60.

59. Song, H.Y., Ko, K.K., Lee, B.T. Fabrico de nanopartículas de prata e respectivos mecanismos antimicrobianos. Eur Cells Mater. **2006**; 11:58-9.

60. Shrivastava, S., Bera, T., Roy, A., Singh, G, Ramachandrarao, P., Dash, D. Characterization of enhanced antibacterial effects of novel silver nanoparticles. Nanotecnologia. **2007**, 18, 225103-12.

61. Gibbins, B., Warner, L., The role of antimicrobial silver nanotechnology. Med Device Diagnostic Indust Mag. **2005**, 1, 1-2.

62. Raffi, M., Hussain, F., Bhatti, T.M., Akhter, J.I., Hameed, A., Hasan, M.M. Antibacterial characterization of silver nanoparticles against E. coli ATCC-15224. J Mater Sci Technol. **2008**, 24,192-6.

63. Hamouda, T., Baker, Jr, JR. Mecanismo de ação antimicrobiano de preparações de lípidos tensioactivos em bacilos gram-negativos entéricos. J Appl Microbiol. **2000**, 89,397-403.

64. Shockman, G.D., Barrett, J.F. Structure, function, and assembly of cell walls of gram-positive bacteria. Annu Rev Microbiol. **1983**, 37,501-27.

65. Morones, J.R., Elechiguerra, J.L., Camacho, A., Holt, K., Kouri, J.B., Tapia, J. The bactericidal effect of silver nanoparticles. Nanotechnology. **2005**, 16, 234653.

66. Kumar, A., Kumar-Vemula, P., Ajayan, P.M., John, G. Silver-nanoparticle embedded antimicrobial paints based on vegetable oil. Nat Mater. **2008**; 7:23641.

67. Gupta, P., Bajpai, M., Bajpai, S.K. Investigation of antibacterial properties of silver nanoparticle-loaded poly (acrylamide-co-itaconic acid)-grafted cotton fabric. Journal *of* Cotton Science. **2008**, 12, 280-6.

68. Kim, J.S. Antibacterial activity of Ag^+ ion-containing silver nanoparticles prepared using the alcohol reduction method. Journal of Industrial and Engineering Chemistry. **2007**, 13, 718-22.

Capítulo 3: Um novo método para a preparação de nanopartículas com núcleo de prata-quitosano-O-metoxi polietilenoglicol

Um novo método para a preparação de nanopartículas com núcleo de prata-quitosano-O-metoxi polietilenoglicol

Resumo

Foram sintetizadas nanopartículas de prata/quitosano-O-metoxi-polietilenoglicol (quitosano-O-MPEG) de tamanho uniforme (Ag^0 *-CTS-O-MPEG*) com diferentes graus de substituição. Assim, o *N-ftaloil* quitosano é reagido com iodeto de éter monometílico de polietilenoglicol na presença de óxido de prata através dos seguintes passos. Em primeiro lugar, os grupos amino do quitosano são protegidos por um excesso de quatro vezes de anidrido ftálico. Em seguida, o *N-ftaloil* quitosano é reagido com uma quantidade adequada de iodeto de éter monometílico na presença de óxido de prata e, por último, os grupos *N-ftaloil* são removidos para produzir nanopartículas com núcleo de Ag^0 - *CTS-O-MPEG.* A estrutura das nanopartículas de *prata/quitosano-O-MPEG* preparadas foi caracterizada por espetroscopia UV/Vis, microscopia eletrónica de transmissão (TEM), infravermelho com transformada de Fourier (FT-IR), difração de raios X e microscopia eletrónica de varrimento (SEM-EDX). Os resultados experimentais revelaram que as partículas do núcleo de prata preparadas tinham o tamanho de 18 ± 2 nm. A estrutura da casca do núcleo com revestimento de *quitosana-O-MPEG* tinha o tamanho de 40 ± 2 nm.

Palavras-chave:

Quitosano, nanopartículas com núcleo e invólucro de *prata/quitosano-O-MPEG*

Este capítulo baseia-se na seguinte publicação:

J A. **M. Abdel-Mohsen**, A. S. Aly & R. Hrdina. Um novo método para a preparação de nanopartículas com núcleo de *prata/quitosano-O-metoxi* polietilenoglicol. **Jornal de Polímeros e Meio Ambiente**. 2012, 20, 459-468.

3.1. Introdução

As nanopartículas estruturadas em núcleos e cascas estão atualmente a atrair cada vez mais o interesse da investigação, uma vez que estas nanopartículas compósitas são constituídas por núcleos e cascas de diferentes composições químicas, o que nos dá a possibilidade de combinar as vantagens ou propriedades distintivas de vários materiais e, especialmente, de manipular as funções de superfície para satisfazer diversos requisitos de aplicação[1-4] . O encapsulamento de nanopartículas em invólucros de composições químicas específicas através da precipitação superficial tem sido uma abordagem geral "pós-síntese" para obter nanopartículas compósitas estruturadas com núcleo/casca[5-7] . Por conseguinte, o biopolímero quitosano é um promissor meio de estabilização de nanopartículas de óxido de ferro, uma vez que foi referido que é possível atingir rácios de óxido de ferro/quitosano tão elevados como 4,5[8, 9] .

Os métodos de redução química têm sido amplamente investigados para a síntese de nanopartículas de prata (Ag NPs) porque estas técnicas podem ser executadas em condições fáceis e suaves e podem ser utilizadas para sintetizar Ag NPs através da reação de redução. A utilização de um agente redutor forte, como o NaBH4, resulta em partículas minúsculas que estão bem dispersas[10] . Atualmente, tem sido utilizada uma série de redutores químicos para a síntese de nanopartículas de metais nobres que contêm NaBH4[11,12] , NH2OH[13] ,N2H2[14] , (CH3)2NH.BH3[15] ,H2[16] ,formaldeído[17] , formamida[18] , reagentes de Tollens[19] , etilenoglicol[20] , etanol[21] , citrato[13,21] , anilina[22] , polianilina[23] , ou ácido ascórbico[24] .

O quitosano (CTS), polissacárido de ligação β-(1⁄4) de D-glucosamina, é a forma desacetilada da quitina, o segundo polímero natural mais abundante no mundo, refinado a partir das carapaças de caranguejos, camarões e outros crustáceos. O quitosano não é tóxico, é biodegradável, é biocompatível e há muito que é utilizado como biopolímero ou como material bruto nos domínios farmacêutico e médico, no fabrico de papel e no processamento de alimentos[2528] . Devido à sua natureza policádica, o quitosano apresenta uma boa atividade antibacteriana contra várias bactérias e fungos[29] .

O poli(etilenoglicol) (PEG) tem sido amplamente utilizado nos domínios farmacêutico e biomédico devido às suas excelentes propriedades físico-químicas e biológicas, incluindo a propriedade hidrofílica, a solubilidade, a não toxicidade, a facilidade de modificação química e a ausência de antigenicidade e imunogenicidade. Por conseguinte, o PEG tem sido frequentemente utilizado como modificador polimérico solúvel em síntese orgânica; é também amplamente utilizado como polímero farmacológico com elevada hidrofilicidade, biocompatibilidade e biodegradabilidade. É ideal para prevenir o crescimento da superfície bacteriana, diminuir a ligação às proteínas plasmáticas e a agregação de eritrócitos, e prevenir o reconhecimento pelo sistema imunitário[30, 31] .

Nesta comunicação, descrevemos um método fácil para criar uma nova nanoestrutura core-shell: *quitosano-O-MPEG* como invólucro com nanopartículas de prata como núcleo. A formação do núcleo de prata foi obtida por TEM. O tamanho das nanopartículas de Ag pode ser facilmente controlado através da variação da concentração de óxido de prata. Este método proporcionou uma plataforma conveniente para a construção de novas nanoestruturas core-shell com propriedades de controlo.

3.2. Material e experiências

3.2.1. Materiais

O quitosano DDA 95% foi obtido da Aldrich Chemical Company. O éter mono-metílico de polietilenoglicol (Mw 2000) foi obtido da Fluka Chemical Company e o óxido de prata (Ag_2O) da Aldrich Chemical Company. Todos os solventes e reagentes disponíveis no mercado foram utilizados sem qualquer outra purificação.

3.2.2. Métodos

3.2.2.1. Iodização de MPEG

O iodeto de MPEG foi sintetizado com base no relatório[32]. O MPEG (Mw 2000) (50 g, 25 mM) foi dissolvido em tolueno (100 ml) e o solvente foi destilado para remover a água. Após secagem, foram adicionados fosfito de trifenilo (19,7 ml, 75 mM) e iodeto de metilo (4,67 ml, 75 mM) e a mistura foi agitada num balão fechado a 120^0 C durante 6 h no escuro. A mistura reacional foi arrefecida, dissolvida em 100 ml de tolueno, precipitada em 2000 ml de éter, filtrada, lavada várias vezes com éter e seca em estufa de vácuo à temperatura ambiente para dar iodeto de MPEG amarelo pálido (MPEGI).

3.2.2.2. Preparação de N-ftaloilquitosano

Uma mistura de quitosano (5,00 g, 31,0 mM) e anidrido ftálico (PHA) (18,4 g, 124,1 mM) em *N*,N-dimetil formamida (DMF) (100 ml) foi aquecida e agitada a 130^0 C sob atmosfera de azoto[32]. Após 8 h, a mistura bronzeada resultante foi arrefecida até à temperatura ambiente (22^0 C) e vertida em água gelada. O precipitado foi recolhido num filtro, lavado com 150 ml de álcool absoluto à temperatura ambiente durante 1 hora e seco para obter 7,9 g de N-ftaloilquitosano.

Espectros FT-IR de quitosano e N-ftaloil quitosano com diferentes graus de substituição, verificou-se que bandas de absorção distintas a 3378 cm^{-1} para (grupo -OH), 2874 cm^{-1} (grupo -CH) alifático 1661 cm^{-1} (amida 1), 1599 cm^{-1} (amida II- Nil-), 1380 cm^{-1} (amida Ш) e 1050 - 1160 cm^{-1} (ponte C-O-C) para quitosano. FT- IR de *N-ftaloil* quitosano mostra novos sinais a 1771 cm^{-1} (imida), 1714 cm^{-1} (imida) caraterísticos de grupos ftalimido, 721 cm^{-1} para ftaloil aromático. O pico do grupo amino a 1599 cm^{-1} desapareceu. Observou-se também que o pico da amida 1 a 1661 cm^{-1} diminuiu acentuadamente com o aumento do grau de substituição do ftaloil quitosano. Foi confirmado que o grupo ftalimido é completamente regenerado para o grupo amino do quitosano. O grau de substituição foi de 0,955 calculado a partir do C/N da análise elementar.

3.2.2.3. Síntese de nanopartículas com núcleo de *prata-quitosano-O-MPEG* (Ag^0 *-CTS- O-MPEG*)

Uma mistura de N-ftaloilquitosano (0,1 g, 3,35 mmol), MPEGI (1,5 g, 0,73 mmol) e Ag_2O (8 mg, 0,035 mmol) em 60 ml de DMF foi aquecida a 60^0 C com agitação magnética durante 16 h. Em seguida, adicionou-se hidrazina mono-hidratada (40 ml) e água (80 ml) ao recipiente de reação e a mistura foi aquecida sob agitação magnética durante 15 h a 90^0 C. Para remover o excesso de hidrazina mono-hidratada, a mistura foi evaporada utilizando um evaporador rotativo até obter uma solução viscosa. A solução foi diluída com água e evaporada novamente. Este procedimento foi repetido três vezes. Em seguida, o produto obtido foi seco num forno de vácuo para obter 1 g de nanopartículas com núcleo de *prata/quitosano-O-MPEG.*

Os espectros FT-IR das nanopartículas de *prata/quitosano-O-MPEG* mostram as bandas de absorção caraterísticas do quitosano e do MPEG com diferentes graus de substituição. Bandas de absorção distintas a 2884 cm^{-1} e a 1586 cm^{-1} (estiramento CH de CH2 de hidrocarboneto alifático) e (Amida 2) de quitosano, onde as bandas a 1466 cm^{-1} para CH2 , 1280 cm^{-1} para PEG e a 1115 cm^{-1} mostram C-O-C (óxido de etileno de PEG). A observação interessante mostra que o pico a 3378 cm^{-1} para o grupo OH do quitosano diminuiu com o aumento da razão molar entre o MPEGI e o quitosano, e desapareceu quando o grau de substituição (DS) atingiu 124 %.[1] H-NMR do quitosano, ftaloil-quitosano, *N-ftaloil-quitosano-O-MPEG* e *quitosano-O-MPEG.* Este último mostra que o quitosano tem 4,68-4,99 ppm (1H, b. d., H-1), 3,99 ppm (br.s, H-3, H-4 e H-6') 3,75 ppm (br., H-5, H-6) 3,19 ppm (br.s.H-2) 2,05 ppm (br.s.CO-CH_3). Com[1] H-NMR para o ftaloil quitosano, existe um desvio químico a $\delta = 7{,}5, 7{,}6, 7{,}8, 7{,}9$ ppm atribuído aos grupos ftaloílicos.

As deslocações químicas do *N-ftaloil quitosano-O-MPEG* são $\delta = 7{,}5, 7{,}6, 7{,}8, 7{,}9$ ppm atribuídas a grupos ftaloílicos e o pico largo e forte do grupo oximetilo MPEG a 3,2-3.8 ppm prevalece nos espectros do core-shell *prata-quitosano-O-MPEG* (Ag^0 *-CTS- O-MPEG*) com DS elevado e cobre parcialmente os sinais do anel piranose do quitosano, bem como o pico correspondente aos grupos metileno (3,49-3,6 ppm) e metoxi (3,28-3,36 ppm) do MPEG. O *quitosano-O-MPEG* mostra o desvio químico a 7,2-7,9 ppm, que está relacionado com os protões aromáticos do grupo ftaloil, e não aparece após a desproteção do grupo amino do quitosano.

A estrutura química do núcleo de *prata/quitosano-O-MPEG* foi ainda investigada pelo espetro de RMN de[13] C correspondente. Apareceram vários picos fortes à volta de 70-72 e 60 ppm, indicando a presença de cadeias de hidrocarbonetos de poli (etilenoglicol) e a 30, 41, 114-160 ppm para os grupos de cobertura de poli (etilenoglicol). Os picos com intensidade equivalente a 57-101 ppm pertencem à espinha dorsal do quitosano (C1, C4, C5, C3, C6 e C2). Todas estas evidências confirmaram a estrutura do enxerto de quitosano em poli (etilenoglicol).

3.2.2.4. Determinação do grau de *O-substituição* do quitosano

O grau de *substituição O* (DS) do MPEG em relação ao resíduo de monossacarídeo do quitosano (DS %) foi calculado através da determinação do conteúdo de unidades PEG num copolímero. O conteúdo de unidades PEG num copolímero foi determinado pelo método colorimétrico[33] . Foram preparadas diferentes concentrações de MPEG, adicionou-se ferrotiocianato de amónio e clorofórmio na proporção volumétrica de 1:10:10 a cada tubo e, em seguida, foi agitado a 200 rpm durante 30 minutos. A solução bem misturada foi centrifugada a 3000 rpm durante 5 minutos e a camada de clorofórmio foi recolhida e determinada por espetrofotómetro a 510 nm. A curva de calibração foi construída com base nas várias concentrações de MPEG e na absorvância correspondente. A amostra de *quitosano-O-MPEG* foi preparada seguindo o mesmo procedimento, a curva de calibração de acordo com a sua absorvância medida. A quantidade de conteúdo de MPEG foi calculada da seguinte forma.

$$MPEG\,\%\,(w/w) = \frac{\text{Measured PEG weight in the sample}}{\text{Sample weight}} * 100$$

$$DS\,(\%) = \frac{\left[\dfrac{MPEG\,(\%)}{2000}\right]}{\left[\dfrac{100 - MPEG\,(\%)}{173}\right]} * 100$$

Em que 2000 é o peso molecular do MPEG, 173 representam o peso molecular médio de um resíduo monossacárido de quitosano DA 95 %.

3.2.3. Caracterização de nanopartículas com núcleo e invólucro (Ag^0 *-CTS-O-MPEG*)

J Espectroscopia FT-IR: Foram estudadas as amostras preparadas sob a forma de comprimidos. Cerca de 30 mg da amostra e 60 mg de KBr foram misturados e triturados num almofariz de ágata. A mistura foi depois compactada utilizando uma prensa hidráulica IR a uma pressão de 90 kN durante 1 min. Os espectros foram obtidos no FTIR-8400S SHIMADZU (Japão).

J Espectroscopia de RMN: Os espectros de RMN foram medidos no Bruker AV 500 MHz Ultrashield plus com a sonda BBOF plus. Espectrómetro para soluções em D_2O, DMSO-d6 usando SiMe4 como padrão interno.

J Difração de raios X (XRD): Os dados de difração de raios X em pó (Cu Kα, λ = 1,5418 Â) foram recolhidos num difratómetro D8 Advance (Bruker AXS, Alemanha) com goniómetro Bragg-Brentano θ-θ (raio 217,5 mm) equipado com um monocromador de grafite curvo de feixe secundário e um detetor de cintilação Na(Tl)I. O gerador foi acionado a 40 kV e 30 mA. O varrimento foi efectuado à temperatura ambiente de 2 a 70° (2θ) em passos de 0,02° com um tempo de contagem de 8 s por passo.

J As microanálises foram efectuadas com o aparelho da FISONS Instruments, EA 1108 CHN.

J As imagens de microscopia eletrónica de transmissão (TEM) foram observadas num microscópio eletrónico JEOL JEM-2010 (HT), utilizando uma tensão de aceleração de 200 kV. As amostras foram dissolvidas em água desionizada ou solução alcalina aquosa com concentrações de 0,5 mg/ml, e uma gota foi colocada em grelhas de Cu pré-revestidas com filmes de carbono.

J Microscopia eletrónica de varrimento (SEM): As imagens das amostras foram feitas no microscópio de varrimento eletrónico da CPN Ltd., microscópio eletrónico Tuscan VEGA II LSU (Tuscan USA Inc.) nas seguintes condições: alta tensão 5 kV, distância de trabalho 4,4 mm, modo de visualização de electrões secundários, alto vácuo à temperatura ambiente. O Mini Sputter Coater SC7620 (Quorum Technologies, Reino Unido) aplicou camadas de 15 nm de partículas de ouro na amostra. As amostras foram pulverizadas durante 120 s com uma corrente de 18 mA. As imagens foram obtidas nas seguintes condições: tensão 2,44-10 kV, detetor: SE. ampliação 300-20000 vezes, vácuo elevado, distância entre a amostra e a objetiva: 4 - 5 mm.

J Espectroscopia UV-visível: As medições foram efectuadas no espetrofotómetro UV-visível (UV-160A, Shimadzu, Japão) utilizando cuvetes de quartzo com um percurso ótico de 1 cm. A concentração das soluções medidas foi mantida a 0,59 mg/ml.

3.3. Resultados e discussão

3.3.1. Preparação do iodeto de MPEG

O éter monometílico do PEG (Mw 2000) foi utilizado para a funcionalização do PEG de modo a evitar a reação de reticulação por derivados bifuncionais do PEG. A iodização do MPEG foi realizada através do intermediário, sal de fosfónio quaternário [(C6H5O) $3P^+$ -CH3I^-], que foi obtido através da mistura de iodeto de metilo com fosfito de trifenilo a 120° C.[1] Os espectros de RMN-H foram úteis na determinação estrutural e da pureza. O grau de conversão (DC) dos grupos -OH para -I foi estimado pelas intensidades relativas entre -OCH3 (δ =3,38 ppm) e -CH2I (δ =3,26 ppm). O DC determinado utilizando a condição experimental foi de 0,98, o que implica a existência de PEG ativado em ambas as extremidades. Não há indícios de que o peso molecular do PEG tenha diminuído. A iodização tem as vantagens de um procedimento simples e de uma DC elevada em relação a outras abordagens para a funcionalização do PEG.

3.3.1.1. Proteção dos grupos amino

A ideia básica desta etapa é conseguir um enxerto regiosselectivo de quitosano, em que a reação ocorre principalmente nos grupos hidroxilo, enquanto o grupo amino permanece livre. Para este efeito, o N-ftaloilquitosano foi inicialmente preparado pela reação do quitosano com anidrido ftálico, como se mostra no esquema 4.1. A introdução de grupos ftaloílicos a granel impede a formação de ligações de hidrogénio intra e inter do quitosano e, consequentemente, melhora a sua solubilidade em solventes orgânicos, como o DMF e o DMSO. Por outro lado, o grupo ftaloílo pode ser facilmente desprotegido para regenerar grupos amino livres através da utilização de hidrato de hidrazina. Por conseguinte, o grupo *N-ftaloílo* é indispensável tanto para a proteção como para a solublização.

3.3.1.2. Preparação e caraterização de nanopartículas com núcleo e invólucro (Ag^0 *-CTS-O-MPEG*)

Foram sintetizadas nanopartículas de *prata-quitosana-O* -MPEG (Ag^0 *-CTS-O* -MPEG) com estruturas de núcleo. O *N-ftaloil* quitosano preparado foi modificado com metoxi poli etilenoglicol (MPEG), em que o grupo hidroxilo do MPEG foi ativado por iodização. O quitosano contém dois grupos hidroxilo em cada resíduo de monossacarídeo e é potencialmente capaz de sofrer muitas reacções de álcoois. Uma das reacções mais comuns dos álcoois é a eterificação ou a reação de substituição nucleofílica (SN^2). Esta ocorre entre os grupos OH dos álcoois ou entre o grupo OH de um álcool e o grupo halogéneo de um halogeneto de alquilo. Os halogenetos de alquilo (cloreto de metilo, cloreto de etilo, etc.) são os reagentes para a eterificação da celulose em soluções aquosas fortemente alcalinas. No entanto, estas condições não são aceitáveis para o quitosano por razões associadas à insolubilidade do quitosano.

Este estudo centra-se na eterificação do quitosano em meios orgânicos polares. O *N-ftaloil* quitosano preparado neste estudo é solúvel em vários solventes orgânicos (DMSO, DMF, piridina e dimetilacetamida). Assim, o grupo *N-ftaloil* é indispensável tanto para a proteção das funcionalidades amino do quitosano como para a solubilização do produto num solvente orgânico, o que é de menor importância para a reação posterior com um derivado halogenado de MPEG. O núcleo de *prata/quitosano-O-MPEG* foi sintetizado como apresentado no esquema 3.1. Em primeiro lugar, os grupos amino do quitosano foram protegidos por um excesso de 4 vezes de anidrido ftálico. Em seguida, o *N-ftaloil* quitosano foi reagido com uma quantidade adequada de iodeto de MPEG na presença de diferentes concentrações de óxido de prata e, por último, os grupos *N-ftaloil* foram removidos pela adição de hidrato de hidrazina (desproteção do grupo amino do quitosano e redução dos iões de prata a nanopartículas de prata metálica). Os produtos intermédios e finais foram separados das misturas de reação e a sua estrutura foi confirmada utilizando espetroscopia de infravermelhos,[1] H-NMR, análise química, difração de raios X, TEM e SEM-EDX).

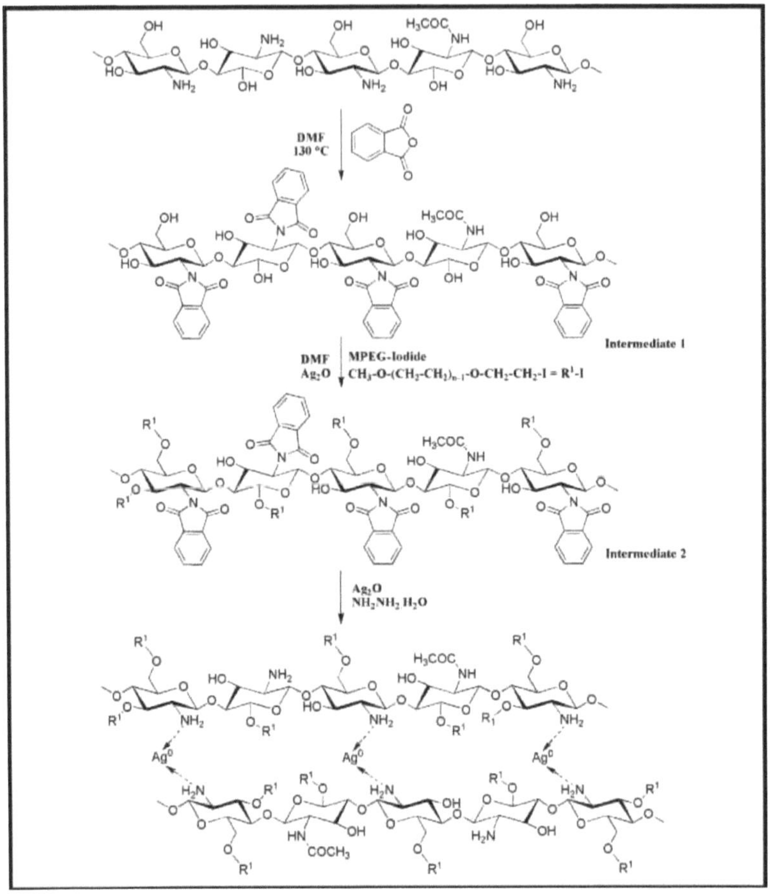

Esquema 3.1: Nanopartículas com núcleo de Ag^0 - *CTS-O* -MPEG

3.3.1.3. Difração de raios X de nanopartículas de núcleo-casca

O quitosano é um polímero semicristalino, enquanto que o MPEG é cristalino com uma estrutura cristalina definida[34] . A Figura 3.1 mostra os padrões de raios X do quitosano (Figura 3.1a), do N-ftaloilquitosano (Figura 3.1b), do O-MPEG-N-ftaloilquitosano (Figura 3.1c) e das nanopartículas de prata/quitosano-O-MPEG com núcleo (Figura 3.1d). A partir das figuras, podemos ver que o quitosano (Figura 3.1a) tem uma reflexão em $2\theta = 19{,}7°$ e uma reflexão relativamente fraca em $2\theta = 10{,}2°$ [35] , o N-ftaloilquitosano (Figura 3.1b) tem um pico largo em $2\theta = 20°$, o que sugere que a capacidade de formação de ligações de hidrogénio diminuiu após a modificação química e que este derivado de quitosano se apresentou amorfo.

Os diagramas de difração do *N-ftaloil quitosano-O-MPEG* (Figura 3.1c) mostram três reflexões em

$2\theta = 23,24°$, $2\theta = 19,14°$ e picos largos em $2\theta = 10,5°$; estes picos para o grupo ftaloílo são deslocados quando o quitosano é enxertado pelo MPEG. Os diagramas das nanopartículas de *prata/quitosano-O-MPEG* (Figura 3.1d), após adição de hidrato de hidrazina, mostram cinco picos de reflexão para além de dois picos agudos relacionados com o PEG em $2\theta = 19,14°$, $2\theta = 23,24°$, e mostram também dois picos de difração agudos para além do pico largo relacionado com as nanopartículas de prata. Os picos agudos localizados a $2\theta = 38,2°$, $44,3°$, são atribuídos aos planos (111), (200), da estrutura cúbica da Ag metálica. Não foram observados picos de difração que correspondam a halogeneto de prata ou óxido de prata, o que confirma que o componente do núcleo é Ag metálica.

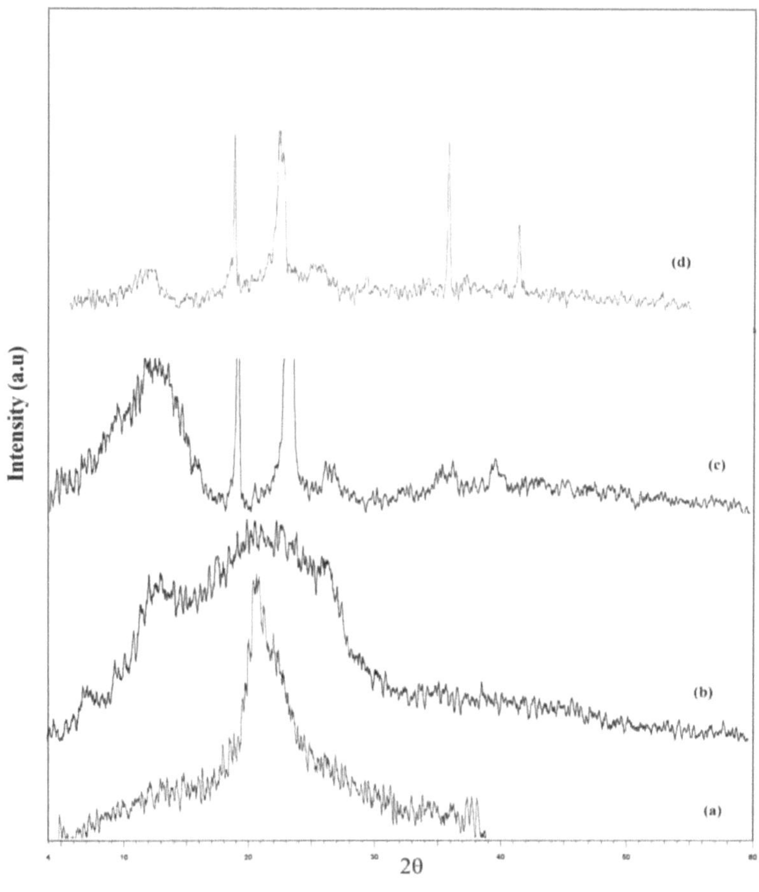

Figura 3.1: Difração de raios X das nanopartículas com núcleo e invólucro (Ag^0 -*CTS-O-MPEG*)

(a): Quitosano;

(b): Ftaloilquitosano;

(c): *N-ftaloil quitosano-O-MPEG*;

(d): Nanopartículas com núcleo de Ag^0 -*CTS-O-MPEG*.

3.3.1.4. Análise química de nanopartículas de prata-quitosano- *O* -MPEG com concha central

A Tabela 3.1 mostra o grau de substituição com diferentes concentrações de óxido de prata calculado a partir da sua análise química. A partir desta tabela, podemos ver que o grau de substituição aumenta com o aumento da razão molar entre o ftaloilquitosano e o MPEGI e atinge o máximo com DS 124 % na razão molar 5/1.

Tabela 3.1: Grau de substituição das nanopartículas do núcleo (Ag^0 -*CTS-O-MPEG*)

Não	Razão molar entre o MPEGI e o ftaloilquitosano	Modificado	MPEG (%)	DS (%)	Ag2O
1	-	quitosana	-	-	-
2	-	MPEGI	100	-	-
3	1-1	*Quitosano-O* -MPEG	45	7.07	7 mg
4	2-1	Quitosano -*O* -MPEG	60	12.97	10 mg
5	2.5-1	Quitosano -*O* -MPEG	75	60.4	15 mg
6	3-1	Quitosano -*O* -MPEG	90	91.8	20 mg
7	4-1	Quitosano -*O* -MPEG	92	110.5	25 mg
8	5-1	Quitosano-O-MPEG	95	124	25 mg

3.3.1.5. Espectros UV-Vis de nanopartículas com núcleo e invólucro (Ag^0 -*CTS-O-MPEG*)

A Figura 3.2 mostra os espectros UV da esfera oca de *quitosano-O-MPEG* e das nanopartículas com núcleo de *prata/quitosano-O-MPEG* com diferentes tamanhos de prata. Como mostra a absorção UV/Vis das nanopartículas de prata, existe uma ressonância de Plasmon de superfície a cerca de 390 - 460 nm. A figura 3.2a mostra os espectros UV/visível de um *quitosano-O-MPEG* mphiphilic sem nanopartículas de prata com uma banda larga localizada na gama de 380 - 440 nm. O espetro da figura 3.2b-e mostra os espectros de absorção UV-visível das nanopartículas de *Ag/quitosano-O-MPEG* com núcleo. O aumento do tamanho das nanopartículas com núcleo de Ag (através do aumento da concentração de óxido de prata) aumenta a posição dos espectros de absorção de Plasmon deslocados de 399 - 461 nm, como mostra a figura 3.2b-e.

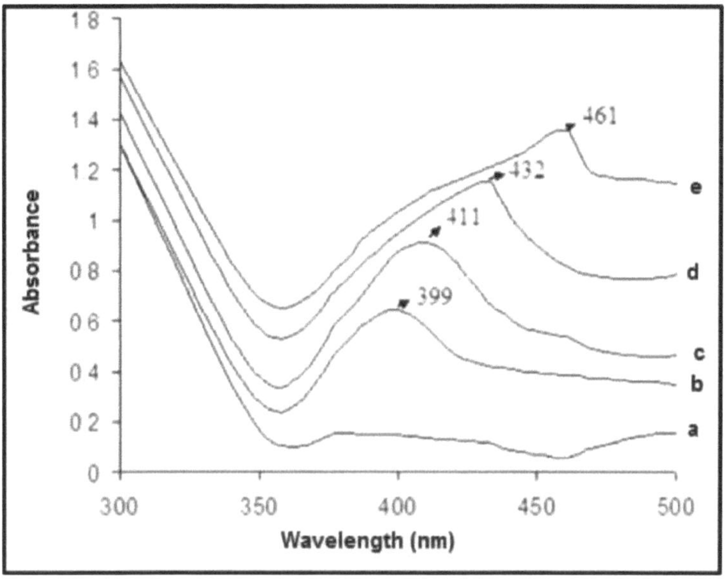

Figura 3.2: Espectros de absorção UV/Vis das nanopartículas com núcleo e invólucro (Ag^0 -*CTS-O-MPEG*)

(a) : Nanoesferas ocas de *quitosano-O-MPEG* sem prata;

(b) : Ag^0 -*CTS-O-MPEG* nanopartículas com núcleo (tamanho da Ag: 3 ± 2 nm);

(c) : Ag^0 -*CTS-O-MPEG* nanopartículas com núcleo (tamanho da Ag: 8 ± 2 nm)l;

(d) : Ag^0 -*CTS-O-MPEG* nanopartículas com núcleo (tamanho da Ag: 12 ± 2 nm);

(e) : Ag^0 -*CTS-O-MPEG* nanopartículas com núcleo (tamanho da Ag: 18 ± 3 nm).

3.3.1.6. Microscopia eletrónica de transmissão de nanopartículas com núcleo de *prata-quitosano-O-MPEG* (Ag^0 *-CTS-O-MPEG*)

A Figura 3.3 mostra a microscopia eletrónica de transmissão (TEM) de nanopartículas de prata/quitosano-O-MPEG com núcleo. A Figura 3.3a mostra imagens TEM de nanoesferas de *quitosano-O-PEG*, o que indica a formação de nanoestruturas ocas; a maioria delas tem forma esférica, enquanto algumas são menos regulares. A Figura 3.3b mostra imagens TEM de nanopartículas com núcleo de *prata-quitosano-O-MPEG*, sintetizadas utilizando a abordagem acima (concentração de prata 7 mg). Pode ver-se que as nanopartículas de Ag estão localizadas no interior de cada esfera de *quitosano-O-MPEG*. O tamanho das nanopartículas de prata é de cerca de (3 ± 2 nm) e o tamanho das partículas da casca é de cerca de (6 ± 2 nm). Observou-se que a maioria das nanopartículas de prata não está localizada no centro destas nanoesferas ocas. O núcleo de Ag tende a aderir à parede devido à força de atração entre as suas superfícies. Outros grupos relataram fenómenos semelhantes (36).

Na figura 3.3c,d,e pode ver-se que o aumento do grau de substituição, ou seja, o aumento da quantidade de cadeias de PEG, aumenta o tamanho do invólucro de quitosano-O-MPEG que envolve o núcleo de nanopartículas de prata (DS 12, 60,5 e 91,8 %) de 18, 28 nm e 34 nm, respetivamente. Também o aumento da concentração de Ag_2O (25 mg), aumenta o tamanho do núcleo de prata, como se pode ver na figura 3.3f. Ao aumentar o grau de substituição do copolímero de enxerto até 124 %, o tamanho da casca aumenta e ocorre o crescimento do polímero e a formação de nanobastões embebidos em nanopartículas de prata (Figura 3.3g).

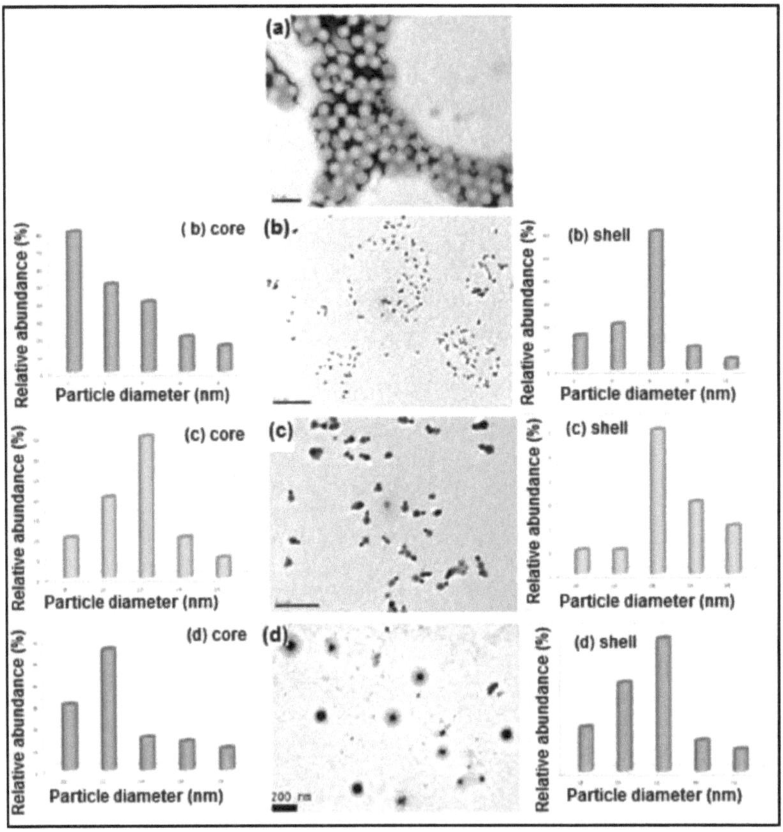

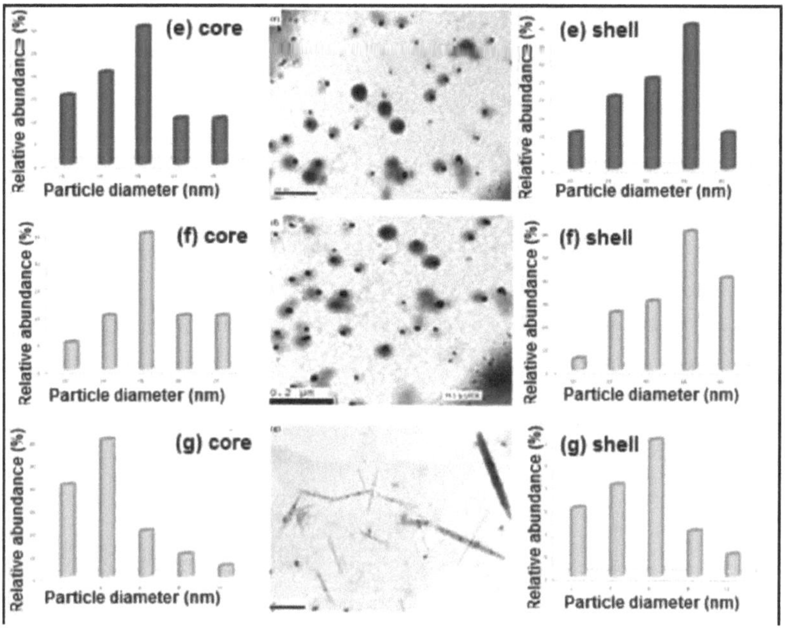

Figura 3.3: TEM de nanopartículas com núcleo de *prata-quitosano-O-MPEG*

(a) Nanoesferas ocas de *quitosano-O-MPEG*;

(b) Ag^0 -*CTS-O-MPEG* nanopartículas de casca central (DS 7.07);

(c) Ag^0 -*CTS-O-MPEG* nanopartículas de casca central (DS 12.79);

(d) Ag^0 -*CTS-O-MPEG* nanopartículas de casca central (DS 60.4);

(e) Ag^0 -*CTS-O-MPEG* nanopartículas de casca central (DS 91,8);

(f) Ag^0 -*CTS-O-MPEG* core-shell nanoparticles (DS 110.5);

(g) Ag^0 -*CTS-O-MPEG* core-shell nanoparticles (DS 124).

3.3.1.7. Mecanismo de preparação de nanopartículas de núcleo e casca

A Figura 3.4 mostra o mecanismo proposto para a formação de nanopartículas de prata no interior das nanoesferas ocas do copolímero anfifílico *quitosano-O-MPEG* e pode ser explicado em termos do processo de redução utilizando hidrato de hidrazina, como se pode ver na equação 3.1. O hidrato de hidrazina foi utilizado por duas razões. Uma delas é a desproteção do grupo amino do quitosano e a formação de um "grupo amino livre" que serve de agente estabilizador para as nanopartículas de prata. Em segundo lugar, o hidrato de hidrazina foi utilizado como agente redutor do óxido de prata (Eq. 3.1).

$$2\,Ag_2O + N_2H_4.H_2O + n\,H_2O \longrightarrow 4\,Ag\downarrow + N_2\,(3+n)\,H_2O$$

Equação 3.1

Deve ser mencionado que também alguns grupos hidroxilo do quitosano são oxidados a aldeído (-CHO) e a grupo carboxílico (-COOH)[37-38]. Em primeiro lugar, os núcleos foram formados com uma distribuição homogénea na solução. Têm tendência a agregar-se para formar partículas maiores, onde os restantes iões Ag^+ são adsorvidos na massa ou na superfície das partículas já formadas e onde ocorre a redução sucessiva.

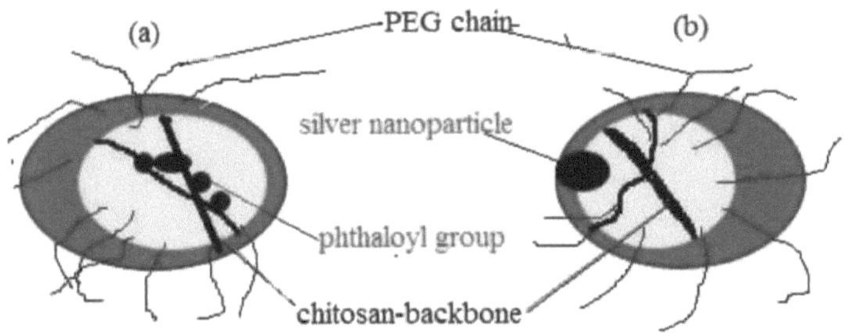

Figura 3.4: Mecanismo de formação do núcleo de Ag^0 *-CTS-O-MPEG*

(a) Auto-montagem de *N-ftaloil* quitosano;

(b) Interação das nanopartículas de prata com as partes hidrofóbicas do quitosano enxertado com a cadeia MPEG.

3.3.1.8. Microscopia eletrónica de varrimento de nanopartículas core-shell

A figura 3.5 mostra a microscopia eletrónica de varrimento (SEM) de nanopartículas de *prata/quitosano-O-* MPEG com núcleo. A figura 3.5a mostra o MEV e o EDX do quitosano-O-MPEG sem nanopartículas de prata. Nas figuras 3.5b e 3.5c são mostrados SEM e EDX de nanopartículas de Ag^0 *-CTS-O-MPEG.* O EDX (Figura 3.5b-c) confirmou a presença de sinal de prata elementar nas nanopartículas de prata. O eixo vertical apresenta o número de contagens de raios X, enquanto o eixo horizontal apresenta a energia em KeV. São apresentadas linhas de identificação para as principais energias de emissão da prata (Ag), que correspondem a picos no espetro, dando assim a certeza de que a prata foi corretamente identificada.

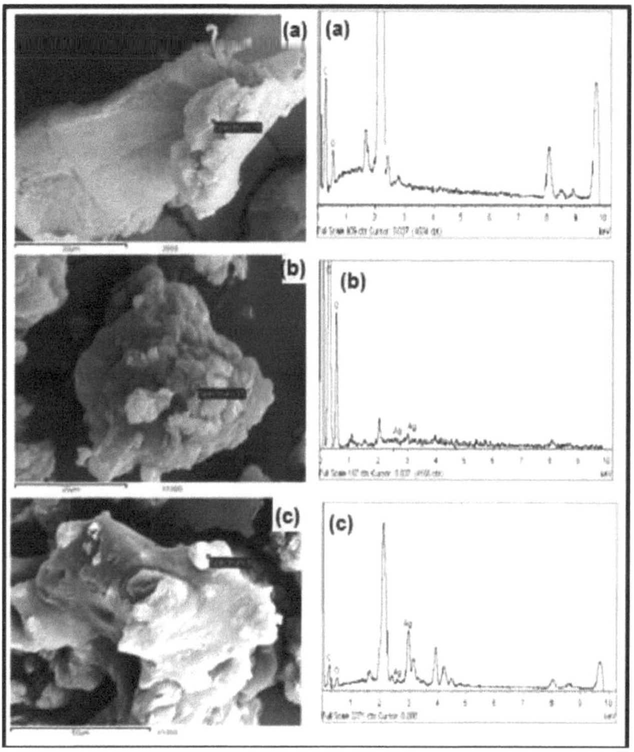

Figura 3.5: SEM-EDX de nanopartículas de *prata/quitosano-O-MPEG* com núcleo e invólucro

(a) Esfera de *quitosano-O-MPEG*;

(b) Ag^0 *-CTS-O-MPEG* nanopartículas com núcleo (DS 91,8);

(c) Ag^0 *-CTS-O-MPEG* nanopartículas com núcleo (DS 124).

3.4. Conclusões

Foi preparada com sucesso uma nanopartícula de *prata-quitosano-O-MPEG* com um núcleo. O iodeto de metoxi polietilenoglicol reagiu com *N-ftaloil* quitosano. Inicialmente, o N-ftaloil quitosano foi preparado pela reação do quitosano com anidrido ftálico. Isto foi feito para mascarar os grupos amino do quitosano e protegê-los durante a formação do enxerto *quitosano-O-MPEG* na presença de óxido de prata. Uma vez efectuada a enxertia, o copolímero de enxerto *quitosano-O-MPEG* foi submetido a mono-hidrato de hidrazina para substituir o grupo ftaloílo por nanopartículas de prata ao mesmo tempo. As nanopartículas de Ag^0 *-CTS-O-MPEG* formadas foram caracterizadas pela espinha dorsal (um componente de aluguer). A formação do núcleo de prata foi obtida por TEM. O tamanho das nanopartículas de Ag pode ser facilmente controlado através da variação da concentração de óxido de prata. Assim, este método proporcionou uma plataforma conveniente para a construção de novas nanoestruturas core-shell com propriedades controladas.

Referências

1. Daniel, M. C. Astruc. D. Gold Nanoparticles: Assembly, Supramolecular Chemistry, Quantum-Size-Related Properties, and Applications toward Biology, Catalysis and Nanotechnology. Chem. Rev. **2004**, 104, 293-346.

2. Caruso, F. Nanoengineering of Particle Surfaces (Nanoengenharia de superfícies de partículas). Adv. Mater. **2001**, 13, 11-22.

3. Xia, Y. N.; Gates, B.; Yin, Y. D.; Lu, Y. Monodispersed Colloidal Spheres Materials with New Applications. Adv. Mater. . **2000**, 12, 693-713.

4. Xiaoming, S., Yadong, Li. Nanopartículas estruturadas Ag@Core/Shell: Síntese, Caracterização e Montagem Controladas. Langmuir. **2005**, 21, 6019-6024.

5. Thearith, U., Luis, M., Marzàn, L., & Mulvaney, P. Método Controlado para Revestimento de Sílica de Colóides de Prata. Influência do revestimento na taxa de reações químicas. Langmuir. **1998**, 14, 3740-3748.

6. Olivia, N., & Alexander, C. Síntese fácil de nanopartículas compostas de núcleo de prata - casca de sílica. J. Colloid and Interface Sci. **2011**, 354, 887-890.

7. Iliana, M.R., Sajid, B., Zhiping, L., Jingbo L. Green synthesis and characterization of polymer-stabilized silver nanoparticles. Colloids Surf B: Biointerfaces. **2009**, 73, 185-191.

8. Donadel, K., Felisberto, M.D.V., Favere, V.T., Rigoni, M., Batistela, N.J. Laranjeira, M.C.M. Síntese e caraterização de partículas magnéticas de óxido de ferro revestidas com biopolímero quitosana. Mater. Sci. Eng. C. **2008**, 28, 509- 514.

9. Rui, X. Dong., Wei, C., Tsai. L. Jiang. Síntese em tandem de nanopartículas e nanobastões de prata na presença de um modelo de poli (oxietileno)-amidoácido. Eur Polym J. **2011**, 47 1383-1389.

10. Yong, KT., Sahoo, Y, Swihart MT. Síntese e propriedades plasmónicas de nano-cascas de prata e ouro em núcleos de poliestireno de diferentes tamanhos e de nanoestruturas de núcleos de ouro-prata. Colloids Surf A. **2006**, 290, 89-105.

11. Shameli, K., Ahmad, M.B., &Yunus, W. Nanocompósitos de prata/poli (ácido lático): Preparação, caraterização e atividade antibacteriana. Int J Nanomed. **2010**, 5, 573-579.

12. Shen, J., Shi, M., & Li, N. Síntese fácil e aplicação de nanocompósitos de grafeno convertidos quimicamente em Ag. Nano Res. **2010**, 3, 339-349.

13. Wu, M.L., Chen, D.H., & Huang, TC. Evidence for seed-mediated nucleation in the chemical reduction of gold salts to gold nanoparticles. Chem Mater. **2001**, 13, 23132322.

14. Underhillm, RS, &Liu, G. Preparação e desempenho de partículas de Pd encapsuladas em nanoesferas de copolímero em bloco como catalisador de hidrogenação. Chem Mater. **2000**, 12, 3633-3641.

15. Torigoe, K., Suzuki, A., & Esumi, K. Interação Au (III)-PAMAM e formação de nanocompósitos Au-PAMAM em acetato de etilo. J Colloid Interface Sci. **2001**, 241, 346-356.

16. Henglein A, Giersig M. Redução de Pt (II) por H2: Efeitos de citrato e NaOH e mecanismo de reação. J Phys Chem B. **2000**, 104, 6767-6772.

17. Mayer, ABR., Grebner, W., & Wannemacher, R. Preparação de compósitos de prata-látex. J Phys Chem B. **2000**, 104, 7278-7285.

18. Han, M.Y., Quek, C.H., & Huang, W. Uma via química simples e eficaz para a preparação de colóides de ouro não aquosos uniformes. Chem Mater. **1999**, 11, 11441147.

19. Yin, Y., Li, Z.Y., & Zhong, Z. Síntese e caraterização de dispersões aquosas estáveis de nanopartículas de prata através do processo Tollens. J Mater Chem. **2002,** 12, 522-527.

20. Wang, Y., Ren, J., & Deng, K. Preparação de nanoclusters de platina, ródio e ruténio com pequenas dimensões de partículas em meios orgânicos. Chem Mater. **2000**, 12, 1622-1627.

21. Pathak, S., Greci, MT., & Kwong, RC. Synthesis and applications of palladium- coated poly (vinyl pyridine) nanospheres. Chem Mater. **2000**, 12, 1985-1989.

22. Tan, Y., Li, Y., & Zhu, D. Preparação de nanocristais de prata na presença de anilina. J Colloid Interface Sci. **2003**, 258, 244-251.

23. Wang, J., Neoh, KG., &Kang, ET. Preparação de partículas metálicas nanosizadas em polianilina. J Colloid Interface Sci. **2001**, 239, 78-86.

24. . Lim, B . , Jiang, M . , &Yu T . Mecanismos de nucleação e crescimento de nanodendritos bimetálicos de Pd-Pt e suas propriedades electrocatalíticas. Nano Res. **2010**, 3, 69-80.

25. Muzzarelli, R.A.A. Chitin. Nova Iorque: Pergamum.**1977**, p. 210.

26. Aly, A.S., Hashem, A., & Samaha, H. Utilização de citrato de quitosana como agente de acabamento resistente a vincos e antimicrobiano para algodão. Indian J of Fibers and Text Res. **2004**, 29, 218-222.

27. Kurita, K., Yoshida, A., & Koyama, Y. Estudos sobre a quitina. 13. Novos materiais híbridos de polissacarídeos/polipeptídeos baseados em quitina e poli (γ-metil L-glutamato). Macromolecules.

1988, 21, 1579-1583.

28. Aoi, K., Takasu, A.,& Okada, M. Síntese de novos derivados de quitina com cadeias laterais de poli (2-alquil-2-oxazalina). Macromol Chem and Phys. **1994**, 195, 3844-3855.

29. Aiba, S. Reatividade de quitosano parcialmente N-acetilado em meios aquosos. Macromol Chem. **1993**, 194, 65-75.

30. Harris, H.J., Struk, E.C., Case, G., Play, M.S., Yalapani, M., Vanalastine, & J.M. Síntese e caraterização de derivados de polietilenoglicol. J of Polym Sci. Polym Chem Edition. **1984**, 22, 341-352.

31. Hidenori, O., Yukio, N., & Kazunori, K. PEGylated nanoparticles for biological and pharmaceutical applications. Adv Drug Deliv Rev. **2003**, 55, 403-419.

32. Aly, A. S., Abdel-Mohsen, A. M., & Hebeish, A. Multi-acabamento inovador usando copolímero de enxerto de *quitosana-O-MPEG* / sistema aquoso de ácido cítrico para preparação de têxteis médicos, J Text Inst. **2010** , 101, 76-90.

33. Mitra, A. Nag., & Ghosh, G. C. A colourimetric assay for estimation of polyethylene glycol and polyethylene glycolated protein using ammonium Ferriothiocyanate Anal Biochem. **1996**, 237, 224-231.

34. Corrigan, D.O., Healy, A.M., & Corrigan, O. The effect of spray drying solutions of polyethylene glycol (PEG) and lactose/PEG on their physicochemical properties. Int J Pharm. **2002**, 235, 193-205.

35. Kittur, F.S., Prashanth, K.V.H., Sankar, K.H., & Tharanathan, R.N. Characterization of chitin chitosan and their carboxymethyl derivatives by differential scanning calorimetry. Carbohydr Polym. **2002**, 49, 185-193.

36. Gao, S. Y.; Zhang, H. J.; Wang, X. M.; Yang, J. H.; Zhou, L.; Peng, C. Y.; Sun, D.H.; Li, M. Y. Unique gold sponges: biopolymer-assisted hydrothermal synthesis and potential application as surface-enhanced Raman scattering substrates. Nanotechnology. **2005**, 16, 2530-2535.

37. Raveendran, P.; Fu, J.; Wallen, S. L. Completely "Green" Synthesis and Stabilization of Metal Nanoparticles J. Am. Chem. Soc. **2003**, 125, 13940-13941.

38. Raveendran, P.; Fu, J.; Wallen, S. L. Um método simples e "verde" para a síntese de nanopartículas de Au, Ag e ligas de Au-Ag Green Chem. **2006**, *8*, 3438.

Capítulo 4: Tecidos de algodão antibacterianos tratados com nanopartículas de núcleo

Tecidos de algodão antibacterianos tratados com nanopartículas de núcleo

Resumo

O tratamento multifinish de tecidos de algodão foi efectuado utilizando nanopartículas core-shell que consistem em nanopartículas de prata (Ag^0) como núcleo e quitosano-O-metoxi-polietilenoglicol (*CTS-O-MPEG*) como casca. A nanopartícula sintetizada (Ag^0 -*CTS-O-* MPEG) foi aplicada a tecidos de algodão utilizando o método convencional de cura por secagem. Os tecidos acabados foram examinados quanto às suas caraterísticas morfológicas e de superfície, utilizando o microscópio eletrónico de varrimento (SEM-EDX), que revela a boa dispersão das nanopartículas de Ag^0 -CTS-O-MPEG nos tecidos de algodão. Foram estudados os factores que afectam o tratamento, tais como as nanopartículas do núcleo, a concentração de ácido cítrico (CA), bem como a temperatura de cura. Os tecidos tratados, na condição óptima de 1 % de nanopartículas de núcleo, 5 % de ácido cítrico, secagem a 80° C, cura a 160° C durante 2 minutos, mostraram uma excelente atividade antibacteriana contra Escherichia coli gram-negativa (E. coli) e bactérias grampositivas Staphylococcus aureus (St. aureus), mesmo após 20 ciclos de lavagem, para além de um aumento dos ângulos de recuperação (CRA), juntamente com uma ligeira melhoria na resistência à tração (TS).

Palavras-chave: Nanopartículas Core-shell; Tecidos de algodão; Multifintura; Têxteis médicos.

Este capítulo baseia-se na seguinte publicação:

S **A.M. Abdel-Mohsen**, Rasha M. Abdel-Rahman, R. Hrdina, Ales Imramovsky, Ladislav Burgert, & A. S. Aly. Antibacterial cotton fabrics treated with core shell nanoparticles. **Jornal Internacional de Macromoléculas Biológicas**. 2012, 50, 1245-1253.

4.1. Introdução

O vestuário e os materiais têxteis são bons meios para o crescimento de microrganismos, como bactérias e fungos. De acordo com relatórios recentes, os microrganismos podem sobreviver em materiais têxteis durante mais de 90 dias num ambiente hospitalar. Uma taxa de sobrevivência tão elevada de agentes patogénicos em têxteis de uso médico pode contribuir para a transmissão de doenças nos hospitais. Como forma de reduzir a população bacteriana em ambientes de cuidados de saúde e, possivelmente, de cortar infecções patogénicas causadas pelos materiais têxteis, a utilização de têxteis antimicrobianos em instalações de cuidados de saúde é considerada uma solução potencial[1] .

A modificação da superfície dos têxteis proporciona uma forma de conferir propriedades novas e diversas aos têxteis, mantendo o conforto e a resistência mecânica. Atualmente, os acabamentos funcionais em tecidos têxteis são de importância crítica para melhorar os produtos têxteis com propriedades multifuncionais. Muitos produtos químicos e processos diferentes são utilizados no acabamento de materiais têxteis. Os tratamentos que alteram o desempenho, a manutenção, a durabilidade, a segurança e a resistência ambiental da fibra ou do tecido podem ser considerados como acabamentos funcionais. Os acabamentos funcionais são geralmente aplicados especificamente para alterar as propriedades relacionadas com o cuidado, o conforto e a durabilidade. A maioria das propriedades funcionais dos tecidos é conferida através de métodos de processamento químicos e húmidos(2-3) . Outros acabamentos funcionais comuns são: antimicrobiano, antiestático, prensa durável, resistente à chama/retardador, libertação/resistência ao solo, impermeável/repelente, proteção UV, auto-limpeza e recuperação de rugas.

O quitosano é um derivado desacetilado da quitina, que é um polissacárido natural derivado principalmente das carapaças de camarões e de outros crustáceos marinhos. Quimicamente, pode ser designado como poli-β-(1→4)-D-glucosamina ou poli-(1,4)- 2-amido-deoxi-β- D-glucose(4) . Para além da sua atividade antimicrobiana, o quitosano tem algumas vantagens importantes, como a não toxicidade, a biocompatibilidade e a biodegradabilidade.

Para proporcionar um efeito antimicrobiano aos têxteis, o quitosano pode ser utilizado como aditivo na fiação de fibras antimicrobianas(5) e como agente de acabamento(6) para modificação da superfície, principalmente de fibras de celulose, celulose/poliéster e lã. O quitosano tem uma carga positiva e é solúvel em soluções ácidas a neutras porque os grupos amino do quitosano têm um pKa de ~6,5(7) . A sua função antimicrobiana resulta da sua natureza policádica, que é causada pela protonação dos grupos amino nos átomos C-2 das unidades de glucosamina; esta função antimicrobiana é muito semelhante à determinada para o QAS. Os grupos amino carregados positivamente podem ligar-se à superfície bacteriana carregada negativamente, resultando na rutura da membrana celular e num aumento da sua permeabilidade. O quitosano pode também interagir com o ADN dos microrganismos para impedir a síntese de proteínas. A eficácia antimicrobiana do quitosano depende do seu peso molecular médio, do grau de desacetilação e do rácio entre grupos amino protonados e não protonados na estrutura(8) . Pensa-se que o quitosano de baixo peso molecular é mais ativo em termos antimicrobianos do que os oligómeros de quitosano(9) . A eficiência também aumenta com o aumento da desacetilação, que pode exceder 90%. Uma desvantagem importante do quitosano é a sua fraca adesão às fibras de celulose, resultando numa lixiviação gradual da superfície da fibra com lavagens repetidas.

Para permitir que o quitosano se ligue fortemente às fibras de celulose, são utilizados vários agentes de reticulação, incluindo sobretudo ácidos policarboxílicos (ácidos 1, 2, 3, 4-butantetracarboxílico e cítrico)[6, 7] e polietilenoglicol[10]. Na presença de um agente reticulante, os grupos hidroxilo do quitosano e da celulose podem formar ligações covalentes com os grupos carboxilo do ácido policarboxílico numa reação de esterificação, levando assim à formação de uma ligação cruzada entre o quitosano e a celulose. Este facto melhora consideravelmente a durabilidade e a resistência à lavagem[11].

Uma vez que o quitosano é um dos agentes antibacterianos mais seguros e eficazes, tem sido amplamente aplicado em acabamentos antibacterianos para algodão e outros têxteis[11]. No entanto, o revestimento direto de quitosano em artigos têxteis apresenta inconvenientes como a sua insolubilidade na maioria dos solventes, exceto em soluções aquosas ácidas, a elevada viscosidade do quitosano em solução aquosa, que causa muitos problemas de manuseamento, e a fraca aderência do tecido após o revestimento devido à rigidez do quitosano. Para ultrapassar estes problemas, foram comunicadas várias abordagens para modificar quimicamente o quitosano[12]. Por exemplo, a introdução de grupos funcionais, tais como sais de amónio quaternário, na espinha dorsal do quitosano melhorou a sua solubilidade em água e a sua atividade antibacteriana[13].

Nos últimos anos, a nanotecnologia tornou-se um dos mais importantes e excitantes domínios de vanguarda da física, química, engenharia e biologia[4, 14-16]. É muito promissora para nos proporcionar, num futuro próximo, muitas descobertas que mudarão a direção dos avanços tecnológicos numa vasta gama de aplicações. As nanopartículas de prata são utilizadas como agente antimicrobiano para materiais de revestimento de feridas, bem como para a cicatrização de feridas[17-19].

Desde a antiguidade que, entre os vários agentes antimicrobianos, a prata tem sido mais estudada e utilizada para combater infecções e prevenir a deterioração. Atualmente, muitos investigadores têm-se concentrado nas propriedades antibacterianas e multifuncionais das nanopartículas de prata[20,21]. A prata é um agente antimicrobiano mais seguro em comparação com alguns agentes antimicrobianos orgânicos que têm sido evitados devido ao risco dos seus efeitos nocivos no corpo humano. A prata foi descrita como sendo "oligo-dinâmica" devido à sua capacidade de exercer um efeito bactericida em produtos que contêm prata, principalmente devido às suas actividades antimicrobianas e à sua baixa toxicidade para as células humanas. A sua propriedade terapêutica foi comprovada contra uma vasta gama de microrganismos, mais de 650 organismos causadores de doenças no corpo, mesmo em baixas concentrações.

O objetivo do presente estudo centra-se na síntese e caraterização de nanopartículas de prata com núcleo e *quitosano-O-metoxi* (poli etilenoglicol) como invólucro (Ag^0 -*CTS-O-MPEG*). Aplicação das nanopartículas preparadas do núcleo Ag^0 - *CTS-O-MPEG* a tecidos de algodão com o objetivo de produzir têxteis multifuncionais através do método convencional de cura por secagem em almofada para conferir uma sensação antibacteriana, antirrugas e confortável aos tecidos tratados. Foi efectuada a avaliação dos tecidos de algodão tratados para serem utilizados em uniformes de profissionais de saúde e produtos médicos.

4.2. Experimental

4.2.1. Materiais

O quitosano DDA 95 % (grau de desacetilação) foi obtido da Aldrich Chemical Co., Alemanha. O monoéter metílico de polietilenoglicol (MPEG, Mn 2000) foi obtido da Fluka Chemical Co., Alemanha. O ácido cítrico e o hipofosfito de sódio foram obtidos da Sigma-Aldrich Co., Alemanha. O tecido branqueado e o tecido branqueado e tingido (corante reativo; tipo Procion) (100 % algodão) foram gentilmente fornecidos pela Misr Company for Spinning and Weaving, Mahala-El- kubra, Egito. Todos os outros solventes e reagentes de grau analítico foram utilizados sem purificação adicional.

4.2.2. Preparação de nanopartículas com núcleo de Ag^0 -CTS-O-MPEG

O N-*ftaloilquitosano* foi preparado pela reação de quitosano (5 g; 31 mM) com anidrido ftálico (18,4 g; 124,1 mM) em 100 ml de *N,*N-dimetil formamida (DMF). A reação foi mantida sob agitação a 130° C sob atmosfera de azoto. Após 8 horas, a mistura resultante foi arrefecida a 20° C e vertida em água gelada. O precipitado resultante foi recolhido e lavado com álcool absoluto durante 1 hora, seguido de secagem numa estufa para obter 7,9 g de N-ftaloilquitosano.

Uma mistura do *N-ftaloilquitosano* formado (0,1 g; 3,35 mM), MPEGI (1,5 g; 0,73 mM) e óxido de prata (Ag2O; 8 mg; 0,035 mM) em 60 ml de DMF foi aquecida a 60° C sob agitação durante 16 horas. Adicionou-se à mistura anterior uma mistura de hidrazina mono-hidratada/água (40 ml/80 ml). A temperatura foi aumentada para 90° C durante mais 15 horas, sob agitação. Depois disso, a mistura resultante foi submetida a evaporação para remover o excesso de hidrazina mono-hidratada. A solução formada foi diluída com água destilada, seguida de evaporação. O último passo foi repetido várias vezes seguido de secagem em estufa de vácuo para obter o produto final, que é Ag^0 *-CTS-O-*MPEG core shell nanoparticle.

4.2.3. Aplicação das nanopartículas de Ag^0 *-CTS-O-MPEG* preparadas em tecidos de algodão

Todas as amostras de algodão branqueadas e tingidas (corante reativo; tipo Procion) e não tratadas foram acolchoadas duas vezes (95-100 % de recolha húmida) numa solução que continha agentes de acabamento: ácido cítrico 0-7 %, hipofosfito de sódio 3 %, Ag^0 *-CTS-O-MPEG* nanopartículas de núcleo 0-2 %. Após o tratamento, as amostras de algodão foram secas a 80° C durante 10 min e curadas a 160° C durante 2 min.

4.3. Ensaios têxteis e análise de instrumentação

A investigação dos têxteis revestidos foi efectuada através dos seguintes procedimentos:

- A permeabilidade ao ar foi testada utilizando o testador de permeabilidade ao ar (21443, FRANK) de acordo com a norma DIN 53887. A permeabilidade ao ar é uma caraterística importante no desempenho dos materiais têxteis utilizados para fornecer uma indicação da respirabilidade dos tecidos revestidos. Neste teste, uma amostra circular do tecido foi fixada no aparelho de teste e, utilizando uma pressão de ar elevada através do tecido, a taxa de fluxo de ar foi utilizada para determinar a permeabilidade ao ar do tecido testado.

- A investigação das propriedades mecânicas (resistência à tração e alongamento) foi realizada de acordo com a norma DIN 53857 1, utilizando um sistema de teste Zwick 1445. A partir deste teste, podemos determinar a resistência dos tecidos tratados juntamente com o alongamento após um determinado teste de tensão.

- As imagens de microscopia eletrónica de transmissão (TEM) foram observadas num microscópio eletrónico JEOL JEM-2010 (HT), utilizando uma tensão de aceleração de 200 kV. As amostras foram dissolvidas em água desionizada ou solução alcalina aquosa com concentrações de 0,5 mg/ml, e uma gota foi colocada em grelhas de Cu pré-revestidas com filmes de carbono.

- Microscopia eletrónica de varrimento (SEM): As imagens das amostras foram feitas no microscópio de varrimento eletrónico da CPN Ltd., microscópio eletrónico Tuscan VEGA II LSU (Tuscan USA Inc.) nas seguintes condições: alta tensão 5 kV, distância de trabalho 4,4 mm, modo de visualização de electrões secundários, alto vácuo à temperatura ambiente. O Mini Sputter Coater SC7620 (Quorum Technologies, Reino Unido) aplicou camadas de 15 nm de partículas de ouro na amostra. As amostras foram pulverizadas durante 120 s com uma corrente de 18 mA. As imagens foram obtidas nas seguintes condições: tensão 2,44-10 kV, detetor: SE. ampliação 300-20000 vezes, vácuo elevado, distância entre a amostra e a objetiva: 4 - 5 mm.

- Espectroscopia UV/Vis: As medições foram efectuadas no espetrofotómetro UV-visível (UV-160A, Shimadzu, Japão) utilizando cuvetes de quartzo com um percurso ótico de 1 cm. A concentração das soluções medidas foi mantida a 0,59 mg/ml.

- O teor de azoto das amostras tratadas foi determinado de acordo com o método Kjeldahl[22]. Neste ensaio, 1 g do tecido testado foi imerso em 10 ml de ácido sulfúrico concentrado com a adição de um catalisador (5 g de sulfato de potássio, 0,15 g de sulfato de cobre e 0,15 g de dióxido de titânio). A decomposição química da amostra está concluída quando o meio se torna límpido e incolor. Em seguida, a solução foi destilada com hidróxido de sódio, que converte o sal de amónio em amoníaco. A quantidade de amoníaco presente (e portanto a quantidade de azoto presente na amostra) é determinada por titulação de retorno. A extremidade do condensador é mergulhada numa solução de HCl. O amoníaco reage com o ácido e o resto do ácido é então titulado com uma solução de hidróxido de sódio utilizando o indicador fenolftaleína. A percentagem de azoto (N%) da amostra é calculada do seguinte modo

$$N\% = \frac{0.014\,(N * V)}{W} * 100$$

Onde: W= peso da amostra (grama); N = normalidade do HCl; V = volume de HCl (ml).

- Ângulo de recuperação da cremosidade seca: o ângulo de recuperação da cremosidade seca foi determinado de acordo com o método de ensaio AATCC 66-1999.

- O alongamento na rotura foi determinado de acordo com o método ASTM D-2296- 66T.

- Os ângulos de recuperação do vinco (CRA) das amostras tratadas e não tratadas foram medidos de acordo com o método de ensaio normalizado DIN 53890[(23)] , uma vez que o verificador de recuperação do vinco é utilizado para determinar a resistência do vinco dos tecidos, medindo o ângulo de recuperação numa escala específica sob um peso específico.

- A permeabilidade à água foi medida pelo método ASTM 19981, D 583.

- Durabilidade e teste de esterilização: a durabilidade dos tecidos de algodão tratados contra lavagens repetidas foi avaliada através da lavagem de tecidos de algodão de acordo com o método de teste 61(2A)-1996 da AATCC modificado. Os tecidos tratados foram primeiro neutralizados com ácido acético a 1% para remover o Ag não tratado^0 *-CTS-O-MPEG*. Seguiu-se a lavagem (20 ciclos) com sabão detergente numa máquina de lavar roupa com o nível de água cheio a 41° C durante 8 minutos, secos numa estufa durante 45 minutos a 40 °C e esterilizados por calor a 105 C$^{\circ}$.

- O método de difusão em disco do teste de atividade antibacteriana, com algumas modificações, foi utilizado para a análise da atividade antibacteriana da amostra de tecido de algodão. As amostras de tecido de algodão (1 cm de diâmetro) foram colocadas na superfície das placas incubadas a 35° C durante 24 horas. O diâmetro da zona de inibição das placas (mm), incluindo o diâmetro do disco, foi medido para cada tratamento.

- Medição da porosidade: a porosidade dos tecidos foi obtida através da determinação da diferença de massa entre os tecidos secos e os tecidos saturados de água. Os tecidos foram secos a 40° C durante a noite antes de serem tratados com água pura. A porosidade foi calculada utilizando a seguinte equação.

$$Porosity\ (\%) = \frac{W_1 - W_2}{D_{water}} \times \frac{100}{V}$$

Onde *W1* e *W2* são os pesos dos tecidos nos estados húmido e seco, respetivamente $D_{água}$ é a densidade da água à temperatura ambiente e *V* é o volume efetivo do tecido medido no estado húmido.

4.4. Resultados e discussão

4.4.1. Preparação de nanopartículas com núcleo e invólucro (Ag^0 - *CTS-O-MPEG*)

Foi preparado com sucesso um núcleo de nanopartículas de *prata-quitosano-O-MPEG* através da via descrita no nosso trabalho anterior[4] .

A Figura 4.1a mostra a espetroscopia UV-Vis para as nanopartículas de *prata-quitosano-O-MPEG* preparadas nas condições óptimas[4] . É evidente que a absorção se torna mais forte e mais simétrica com uma forma de fardo pronunciada em λ_{max} 410 nm. A banda pode ser atribuída à ressonância plasmónica das nanopartículas de Ag^0 .

As Figuras 4.1b e 4.1c mostram as imagens TEM e os histogramas do tamanho e da distribuição do tamanho das nanopartículas preparadas com núcleo de prata-Ag^0 . O resultado obtido revelou que as partículas de prata do núcleo preparadas tinham o tamanho de 18 ± 2nm. A Figura 4.1d mostra que a estrutura do núcleo com revestimento de *quitosano-O-MPEG* tinha o tamanho de 40 ± 2 nm.

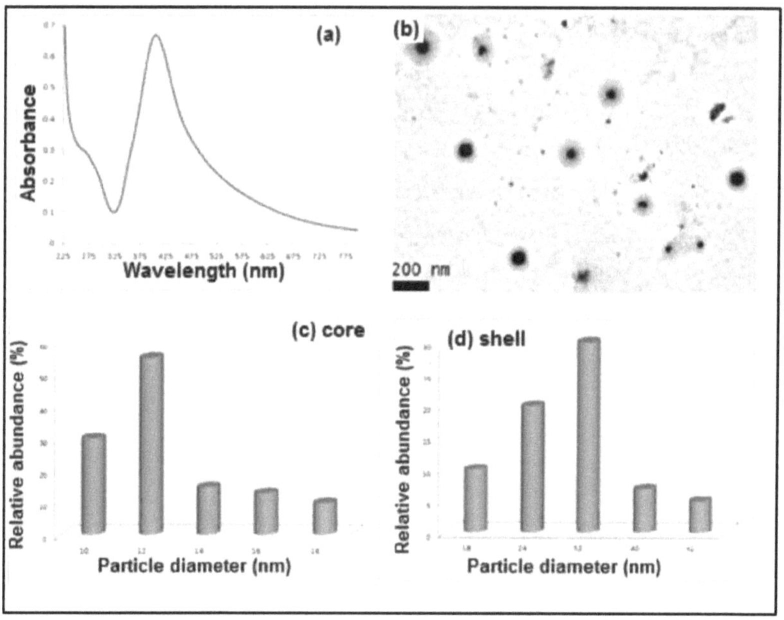

Figura 4.1: Espectros UV/Vis, TEM e histograma do tamanho das partículas de nanopartículas de *prata-quitosano-O-MPEG*

4.4.2. Aplicação de nanopartículas com núcleo e invólucro (Ag^0 -*CTS-O-MPEG*) como agente de polimento em tecidos de algodão

Os tecidos de algodão (branqueados e tingidos) foram tratados com nanopartículas de revestimento central (Ag^0 - *CTS-O-* MPEG) juntamente com ácido cítrico e hipofosfito de sódio mono-hidratado (SHP) como catalisador no banho de acabamento através da utilização do método convencional de cura por secagem em almofada para conferir uma sensação multipermanente antibacteriana, antirrugas e confortável aos tecidos tratados. Os factores que afectam o tratamento, tais como a concentração de nanopartículas de núcleo e a concentração de ácido cítrico, bem como a temperatura e o tempo de cura no desempenho e nas propriedades químicas dos tecidos tratados, são discutidos abaixo.

4.4.2.1. Concentração de ácido cítrico (CA)

As nanopartículas de *prata-quitosano-O-MPEG* foram utilizadas para o acabamento do tecido de algodão utilizando o método de cura por secagem na presença de ácido cítrico (CA) e hipofosfito de sódio (SHP) como agente de reticulação e catalisador, respetivamente (como se mostra no Esquema 4.1). Foram utilizadas amostras de tecido de algodão branqueado (Fb) e de tecido de algodão lavado, branqueado e tingido (Fd) sem qualquer outro amaciador ou aditivo no banho de acabamento.

A Figura 4.2 mostra o efeito da concentração de ácido cítrico na extensão do teor de azoto (N %), que é considerado como indicador para as nanopartículas de Ag^0 - *CTS-O-MPEG* fixadas em tecidos de algodão. Outras propriedades de desempenho têxtil, como o ângulo de recuperação de vincos (CRA), bem como a resistência à tração (TS) dos tecidos de algodão, também são apresentadas na Figura 4.2. Obviamente, o N% diminui acentuadamente após a lavagem dos tecidos acabados, Fb e Fd de 0,22 e 0,27% para 0,09 e 0,03%, respetivamente, quando o tratamento de multifinishamento foi efectuado na ausência de CA. Na presença de CA, a % de N é bastante substancial após a lavagem e aumenta (0,3 % no caso de Fb e Fd) com o aumento da concentração de CA até 3 %, permanecendo depois quase constante.

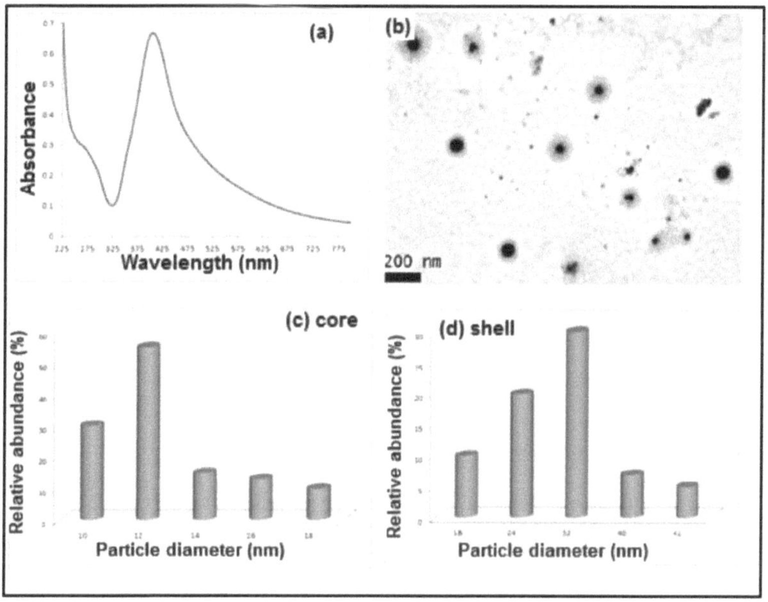

Esquema 4.1: Ligação cruzada de ácido cítrico entre tecidos de algodão e nanopartículas de núcleo

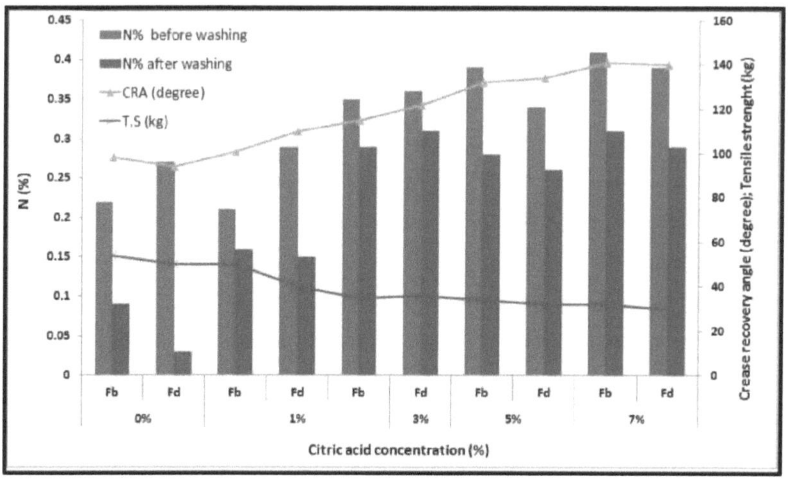

Figura 4.2: Efeito da concentração de ácido cítrico

Bb é o tecido branqueado (em branco); Bd é o tecido tingido (em branco); Fb é o tecido branqueado multifinished e Fd é o tecido tingido multifinished. **Condições experimentais:** concentração do núcleo de *prata-quitosana-O-* MPEG 1%; SHP 3%; secagem a 80° C durante 10 min; temperatura de cura a 160° C durante 2 min.

As propriedades de desempenho mostram uma melhoria significativa no ângulo de recuperação do vinco (CRA) para Fb e Fd, respetivamente, na presença de pelo menos 3 % de CA (Figura 4.2). A CA actua como um agente de reticulação entre os grupos hidroxilo da celulose numa extremidade e os grupos hidroxilo do quitosano na outra extremidade através da reação de esterificação[7] . A resistência à tração dos tecidos multifinished também foi afetada pelo aumento da CA. Foi claramente encontrado (Figura 4.2.) que os valores de resistência à tração aumentam e diminuem de 62,25 e 51,5 Kg para tecidos inacabados Fb, Fd para 68,3 e 71,7 Kg, respetivamente. Este aumento significativo na resistência à tração está associado às nanopartículas de Ag^0 - *CTS-O-MPEG* inseridas nos poros dos tecidos de algodão, o que levou a uma diminuição do tamanho dos poros na superfície deste tecido sob a ação da CA, juntamente com a rigidez conferida à estrutura dos tecidos de algodão no início da reticulação.

4.4.2.2. Concentração de nanopartículas com núcleo de Ag^0 *-CTS-O-MPEG*

Os tecidos de algodão branqueados (Fb) e tingidos (Fd) foram embebidos numa solução contendo diferentes concentrações de nanopartículas de Ag^0 - *CTS-O-MPEG* (Ag^0 *-CTS-O-MPEG*) com uma concentração fixa de CA e SHP. Foram determinados os teores de azoto (N %) dos tecidos assim tratados antes e depois da lavagem (Figura 4.3). Os resultados obtidos mostram que a quantidade fixa de nanopartículas do núcleo de *Ag-CTS-O-MPEG*, expressa em N %, após a lavagem aumenta com o aumento da concentração do núcleo de Ag^0 - *CTS-O-MPEG* até 1% e depois diminui. Antes da lavagem, *N* % aumenta à medida que a concentração do copolímero aumenta dentro da gama estudada. No entanto, os valores de *N* % são mais elevados antes da lavagem, muito provavelmente devido à presença de copolímeros que não reagiram e que aderiram livremente às superfícies do tecido. As diferenças nos valores de *N* % entre os tecidos Fb e Fd não são notáveis e podem ser atribuídas às razões acima referidas. Aumento da % *N* dos tecidos mutifinados através do aumento das nanopartículas do núcleo (Ag^0 *-CTS-O-MPEG*), o que pode ser interpretado em termos de aumento das forças químicas e físicas entre a celulose de algodão do tecido e o copolímero em alta concentração do núcleo em virtude da sua imobilidade, a interação dos grupos hidroxilo da celulose de algodão do tecido com o copolímero dependeria da disponibilidade das moléculas do copolímero na proximidade dos grupos hidroxilo da celulose de algodão a uma concentração mais elevada de nanopartículas do núcleo do invólucro (Ag^0 *-CTS-O-MPEG*).

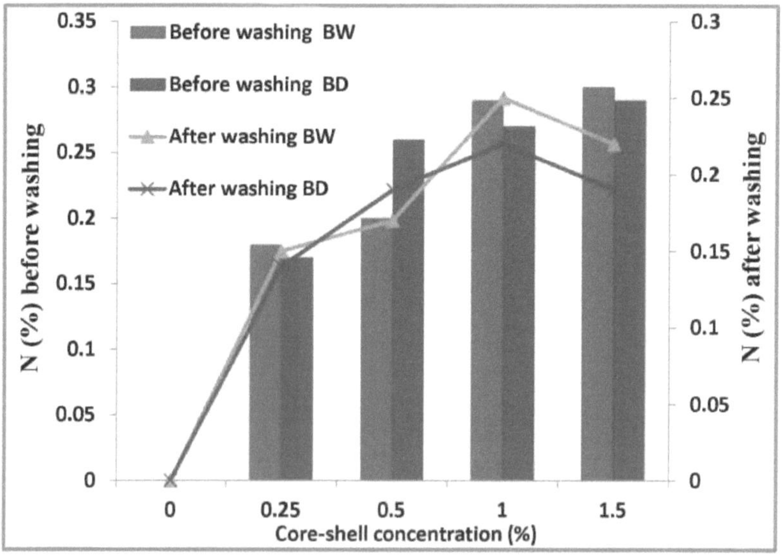

Figura 4.3: Efeito da concentração de nanopartículas com núcleo de *prata-quitosano-O-MPEG*.

Condições experimentais: CA 5 %; SHP 3 %; recolha 100%; secagem 80° C; tempo de secagem 10 min; temperatura de cura 160° C; tempo de cura 2 min.

4.4.2.3. Efeito da temperatura de cura no desempenho físico dos tecidos tratados

Quando uma fibra é dobrada bruscamente, a parte da fibra que se encontra no exterior da dobra é esticada, enquanto a parte que se encontra no interior da dobra é comprimida. Parece, portanto, que uma boa recuperação do vinco depende essencialmente da capacidade de recuperação de grandes deformações. Assim, depende do tipo de polímero e da forma como as cadeias poliméricas estão agrupadas. A tendência para a retenção dos vincos aumenta com o aumento da cristalinidade: aumenta nas séries lã, seda, fibra de acetato de celulose, rayon viscose e algodão. Assim, os tecidos feitos de fibra de celulose apresentam um ângulo de recuperação de vincos (CRA) fraco e qualquer melhoria nesta propriedade seria muito valiosa. O aumento do CRA do tecido está fortemente correlacionado com o aumento da recuperação elástica das fibras e o facto de as fibras com maior módulo produzirem tecidos com maior resistência ao vinco. Observa-se na Figura 4.4 que a reação das nanopartículas do núcleo (Ag^0 - *CTS-O-MPEG*) proporciona um aumento significativo da recuperação do vinco dos tecidos de algodão em comparação com o algodão não tratado e a 160° C ocorre a melhoria máxima da CRA. Por outro lado, é necessária uma certa resistência mínima em qualquer fibra para fabricar um tecido têxtil. Devido a este simples facto, tem sido dada muita atenção à medição da resistência das fibras e ao efeito do método de fabrico, do tratamento químico, etc., sobre esta propriedade. Os resultados das propriedades de resistência, incluindo a resistência à tração (TS) e o alongamento de rutura (E %) dos tecidos de algodão acabados são igualmente apresentados na figura 4.4. Obviamente, as nanopartículas com núcleo e invólucro (Ag^0 *-CTS- O-MPEG*) baseadas melhoram a resistência à tração do tecido de algodão, muito provavelmente devido à resistência extra da película de quitosano a 160° C .

A partir da Figura 4.4. também, a permeabilidade ao ar, bem como as propriedades de rugosidade dos tecidos tratados, são marginalmente afectadas pela alteração da temperatura de cura dentro da gama examinada. Aumentar a temperatura para mais de 160° C leva ao amarelecimento e à degradação dos tecidos, pelo que a temperatura de cura óptima que melhora o desempenho físico dos tecidos de algodão tratados foi de 160° C.

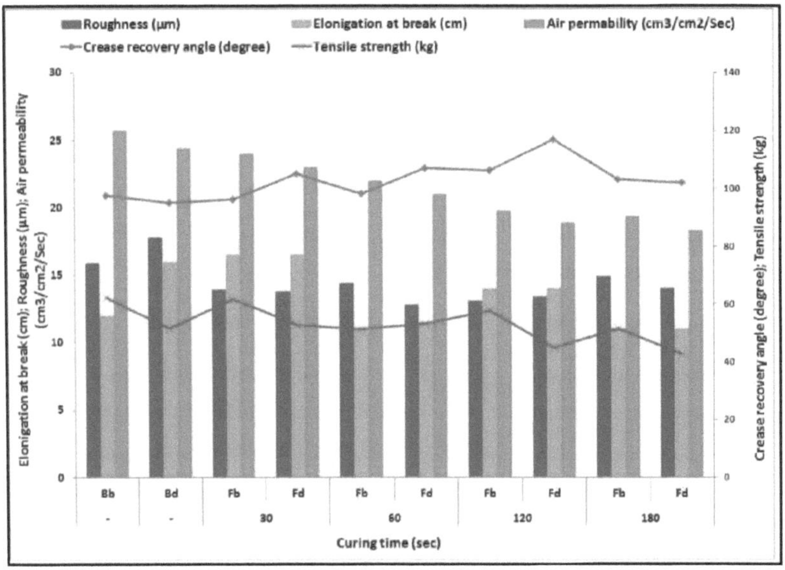

Figura 4.4: Efeito da temperatura de cura no desempenho físico dos tecidos tratados

Bb é o tecido branqueado (em branco); Bd é o tecido tingido (em branco); Fb é o tecido branqueado multifinished e Fd é o tecido tingido multifinished. **Condições experimentais:** Concentração do núcleo de *prata-quitosana-O-MPEG* 1%; CA 5%; SHP 3%; recolha 100%; secagem 80° C; tempo de secagem 10 min.

4.4. 3. Atividade antibacteriana das nanopartículas com núcleo de Ag^0 *-CTS-O-MPEG*)

A atividade antibacteriana dos tecidos de algodão branqueados e tingidos, não tratados e tratados, contra bactérias gram positivas (Staphylococcus aureus) e gram negativas (Escherichia coli) com uma solução coloidal de nanopartículas do núcleo (Ag^0 *-CTS-O-MPEG*) foi avaliada utilizando o método de difusão em disco. Pode ver-se claramente que, para todas as concentrações de núcleo, a zona de inibição de St. Aureus é mais pequena do que a dc E. coli. Sabe-se que a estrutura das paredes celulares das bactérias gram-positivas e gram-negativas tem composições diferentes, a camada de peptidoglicano nas bactérias gram-positivas é mais espessa do que nas bactérias gram-negativas, o que consequentemente diminui a penetração das nanopartículas na parede celular das bactérias gram-positivas.

A Figura 4.5 mostra o efeito da concentração de nanopartículas de Ag^0 -CTS-O-MPEG nas propriedades antibacterianas de tecidos tratados com algodão. No entanto, a atividade antibacteriana aumenta à medida que a concentração do núcleo aumenta. Obviamente, verificou-se que o tratamento de tecidos de algodão com uma solução que contém 1% de nanopartículas do núcleo é suficiente para conferir propriedades antibacterianas; no entanto, submeter os tecidos de algodão tratados a mais de 1% de solução Ag^0 -CTS-O-MPEG conduz a um aumento marginal das propriedades antibacterianas.

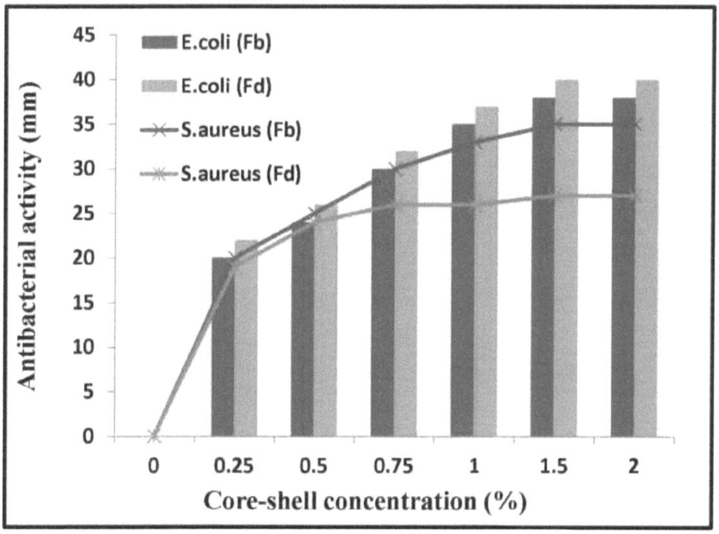

Figure 4.5: Atividade antibacteriana de nanopartículas com núcleo e invólucro

Fb é um tecido branqueado multifinished e Fd é um tecido tingido multifinished. **Condições experimentais:** CA 5 %; SHP 3 %; recolha 100 %; secagem 80° C; tempo de secagem 10 min; temperatura de cura 160° C; tempo de cura 2 min.

4.4.4. Efeito do ciclo de lavagem na atividade antibacteriana dos tecidos de algodão tratados

A adesão das nanopartículas do núcleo da casca em tecidos de algodão foi avaliada lavando as amostras de algodão (as amostras foram acolchoadas numa solução contendo 1% de núcleo da casca) com detergente de sabão numa máquina de lavar com nível de água completo a 40^0 C, seguido de secagem numa estufa. A atividade antibacteriana é avaliada após 1, 5, 10 e 20 ciclos de lavagem. Verifica-se (Figura 4.6.) que a atividade antibacteriana das amostras lavadas (1, 5, 10, 20), em comparação com as amostras não lavadas (ciclo 0), diminui gradualmente com o aumento do ciclo de lavagem. No entanto, mesmo após 20 ciclos de lavagem, o teor de nanopartículas do núcleo da casca em tecidos de algodão branqueados e tingidos proporcionou uma zona de inibição de cerca de 15 e 17 mm para E. coli e St. aurous, respetivamente. Por conseguinte, a durabilidade dos tecidos de algodão antibacterianos foi aceitável.

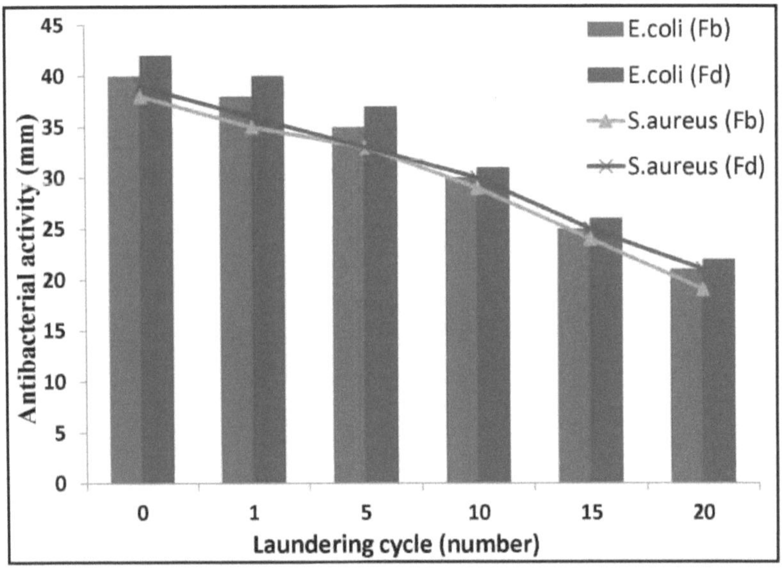

Figure 4.6: Efeito de lavagens repetidas na atividade antibacteriana de tecidos tratados com nanopartículas de núcleo

Fb é um tecido branqueado multifinished e Fd é um tecido tingido multifinished. **Condições experimentais:** concentração do núcleo de *prata-quitosano-O-MPEG* 1 %; CA 5 %; SHP 3 %; recolha 100%; secagem 80° C; tempo de secagem 10 min; temperatura de cura 160° C; tempo de cura 2 min.

4.4.5. Microscópio eletrónico de varrimento de tecidos tratados com nanopartículas de *prata-quitosano-O-* MPEG

A Figura 4.7 mostra o microscópio eletrónico de varrimento e a espetroscopia de raios X por dispersão de energia (EDX) de tecidos de algodão antes e depois do tratamento com nanopartículas de Ag^0 - *CTS- O-MPEG* (Figuras 4.7a e 4.7b, respetivamente), onde se pode ver claramente a sua deposição homogénea na superfície da fibra. Os dados da análise elementar obtidos por EDX (Figuras 4.7c, 4.7d) confirmaram a fixação das nanopartículas de Ag^0 - *CTS-O-MPEG* na superfície da fibra.

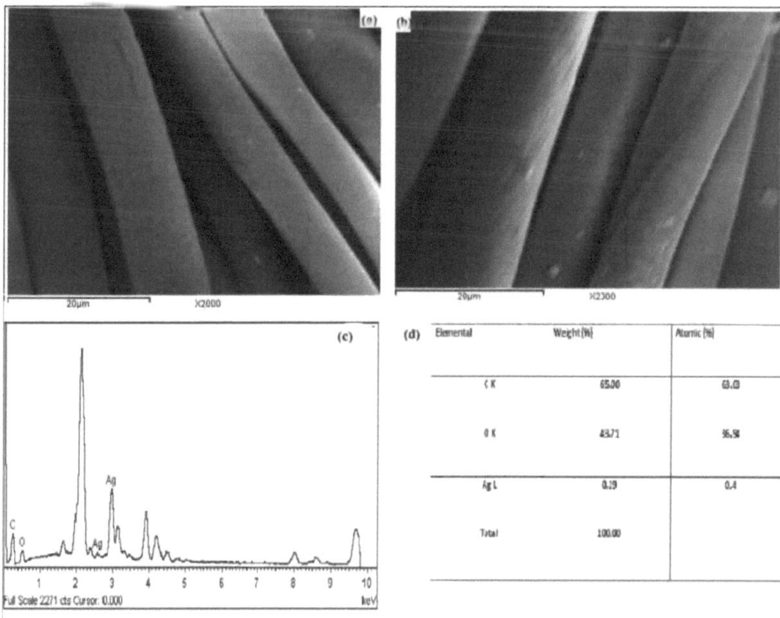

(d)

Elemental	Weight(%)	Atomic(%)
C K	65.00	63.03
O K	43.71	36.58
Ag L	0.19	0.4
Total	100.00	

Figura 4.7: Microscopia eletrónica de varrimento (SEM-EDX) de

(a) Tecidos não tratados;

(b) Tecidos tratados com nanopartículas de *prata-quitosano-O-MPEG*;

(c) EDX de tecidos tratados com nanopartículas com núcleo (Ag^0 *-CTS-O-MPEG*);

(d) Constituintes químicos das nanopartículas sintetizadas do núcleo da casca após a aplicação em tecidos de algodão.

Condições experimentais: concentração do núcleo de *prata-quitosano-O-MPEG* 1%; CA 5 %; SHP 3 %; recolha 100 %; secagem 80° C; tempo de secagem 10 min; temperatura de cura 160° C; tempo de cura 2 min.

4.4.6. Avaliação de nanopartículas com núcleo de Ag^0 *-CTS-O-MPEG* para aplicações médicas

O tecido de algodão foi acolchoado até 100 % de recolha húmida num banho de tratamento contendo 1% de nanopartículas de *prata-quitosano-O-MPEG* (Ag^0 *-CTS-O-MPEG*) na presença de 5 % de ácido cítrico como agente de reticulação e 3 % de SHP como catalisador e curado a 160° C durante 2 minutos. Os resultados obtidos são apresentados no Quadro 4.1. É evidente (quadro 4.1.) que a permeabilidade ao ar do tecido tratado é inferior à do tecido não tratado. A formação de uma camada de revestimento do copolímero na superfície do tecido de algodão, que conduziu a uma diminuição do tamanho dos poros na superfície deste tecido (medida e confirmada por SEM, Figura 4.7), pode ser responsável por este facto. É de salientar que a diminuição da permeabilidade ao ar não se reflecte no conforto do tecido, porque a permeabilidade à água e a captação de água do tecido tratado aumentaram e a pega do tecido tornou-se mais suave (Tabela 4.1), o que se deve provavelmente à presença do polímero altamente hidrofílico MPEG no invólucro das nanopartículas. A resistência à tração do tecido tratado aumenta ligeiramente para efeitos da referida aplicação. Por outro lado, a resistência ao rebentamento do tecido tratado é superior à do tecido não tratado, o que pode ser atribuído à presença de moléculas de MPEG nas nanopartículas do núcleo (Ag^0 *-CTS-O-MPEG*), que actua como um amaciador e reduz a fricção entre os fios, juntamente com a formação de ligações entre as barras e entre os fios, induzindo assim interposições para o tecido liso. Ao mesmo tempo, a presença de moléculas de PEG nas nanopartículas do núcleo (Ag^0 *-CTS-O-MPEG*) ajudará a facilitar o deslizamento das fibras, a melhorar a mobilidade das fibras/fios na estrutura do tecido e a aumentar a resistência ao rebentamento. Estes tecidos apresentam uma atividade muito elevada contra E. coli e *S.* aureus. Isto é, contra bactérias gram-negativas e gram-positivas, respetivamente. A Tabela 4.1 mostra ainda que a permeabilidade à água dos tecidos multifinished sob investigação é maior do que a dos tecidos não tratados. O aumento da permeabilidade à água dos tecidos multifinished pode ser interpretado em termos da presença de sítios que atraem a água nestes tecidos. Os grupos hidroxilo e os grupos amino das nanopartículas do núcleo (Ag0-CTS-O-MPEG) utilizadas na formulação de multifinishing representam esses sítios

Tabela 4.1: Avaliação de nanopartículas com núcleo de *prata-quitosano-O-MPEG* (Ag^0 *-CTS- O-MPEG*) para aplicações médicas

Amostra	Permeabilidade ao ar Cm^3 / Cm^2 /sec	Permeabilidade à água L/ m^2 /sec	Força de rebentamento (Kp)	Porosidade (%)	Molhabilidade (seg)	TS (Kg)	Antibacteriano (mm)	
							E. coli	St. aureus
Bb	20.44	0.181	97.1	2.10	3	62.2	0	0
Bd	21.14	0.161	64.1	2.47	4	51.5	0	0
Fb	19.9	.191	105.4	1.84	72	68.3	30	28
Fd	19.6	0.201	74.2	1.93	66	71.7	32	30

Bb é um tecido branqueado (em branco); Bd é um tecido tingido (em branco); Fb é um tecido branqueado multifinished e Fd é um tecido tingido multifinished. **Condições experimentais:** concentração do núcleo de *prata-quitosano-O-MPEG* 1%; CA 5%; SHP 3%; recolha 100%; secagem 80^0 C; tempo de secagem 10 min; temperatura de cura 160^0 C; tempo de cura 2 min.

4.5. Conclusões

1. Foram preparadas com êxito nanopartículas com núcleo e invólucro bem definidos, constituídas por nanopartículas de prata, como núcleo rodeado por quitosano modificado. O núcleo das

nanopartículas de prata tem um diâmetro médio de cerca de 18 nm e o diâmetro médio do invólucro de quitosano modificado é de cerca de 40 nm. As imagens de espetroscopia UV/Vis e as imagens TEM revelaram claramente um núcleo bem definido.

2. As nanopartículas de Ag^0 -CTS-O-MPEG preparadas foram utilizadas com sucesso como agente multifinishing para tecidos de algodão branqueados e tingidos. A análise SEM indica que as nanopartículas do núcleo estão bem dispersas na superfície do tecido de algodão.

3. Os tecidos de algodão branqueados e tingidos apresentam uma excelente atividade antibacteriana contra bactérias gram-positivas e gram-negativas.

4. Os tecidos de algodão tratados com nanopartículas de núcleo mostram também uma melhoria em CRA, TS, e E %.

5. Os tecidos de algodão tratados podem ser utilizados em uniformes de profissionais de saúde, bem como em produtos médicos, especialmente os utilizados em batas e campos cirúrgicos.

Referências

1. Qia, L., Sun, G. Regenerable Antimicrobial Textiles: Síntese e Aplicações de 3-Metilol-2,2,5,5-tetrametilimidazolidin-4-ona (MTMIO), J. Appl. Polym. Sci. **2003**,89, 2418-2425.

2. Tomasino, R.M., Russo, A., Bazan,V., Morello, V. , Tralongo,V. , Nagar,C., Salvato, M., Taormina, P., Marrazzo, A., Nuara, R., Vita , C., Guddo, F., Arena, N., Bazan, P. Evaluation of integrated morpho-biological indicators in breast cancer, Toxicol. In Vitro. **1993**, 7, 601-606.

3. Lombardo, M.E., Hakky, S.I., Hudson, P.B. Estudos in vitro sobre a inibição da síntese de testosterona no testículo humano pelo atamestano. J. Steroid Biochem. Mol. Biol. **1993**, 44, 287-290.

4. Abdel-Mohsen, A. M., Aly. A. S., & Hrdina, R. Um novo método para a preparação de nanopartículas de prata */quitosano-O-metoxi* polietilenoglicol com núcleo. J Polym Environ. **2012**, 20, 459-468

5. Fan, Y.H., Li, X.H., Aplicação do método de estiramento no controlo da medição da camisola, Wool Textile J. **2006**, 1 , 32-35.

6. Aly, A.S., Hashem, A., Samaha, H. Utilização de citrato de quitosano como agente de acabamento resistente a vincos e antimicrobiano para algodão. Indian J. Fiber Text. Res. **2004**, 29, 218-222.

7. Abdel-Mohsen, A. M., Aly. A. S., & Hrdina, R., Montaser, A.S., Hebeish, A. Têxteis biomédicos através da multifuncionalização de tecidos de algodão utilizando um copolímero de enxerto inovador de *metoxipolietilenoglicol-N-quitosano*. J. Polym. Environ. **2012**, 20, 104-116.

8. Fouda, M.G., Wittke, R., Knittel, D., Schollmeyer, E. Utilização de algodão à base de biopolímeros de quitosano/poliamina como sistema modelo para preparar pensos antimicrobianos para feridas. Int. J. Diabetes Mellitus. **2009**, 1, 61-64.

9. Abdel-Mohsen, A. M., Aly. A. S., & Hrdina, R., Abou-Okeil, A. Preparação e caraterização do aduto de polietilenoglicol/dimetil siloxano e sua utilização como agente de acabamento para tecido de algodão, J.Nat. Fibers. **2011**, 8 ,176- 188.

10. Dal Pozzo, A., Vanini, L., Fagnoni, M., Guerrini, M., De Benedittis, A., Muzzarelli, R.A.A. Preparação e caraterização de quitosanos reacetilados com ligações cruzadas de poli (etilenoglicol), Carbohydr. Polym. **2000**, 42, 201-206.

11. Lim, S.H., Hudson, S.M. Síntese e atividade antimicrobiana do derivado de quitosano solúvel em água com um grupo reativo à fibra, Carbohydr. Res. **2004**,339 ,313319.

12. Ma, Y., Zhou, X.T., Hompson, G.E.,Hashimoto, T.,Thomson, P., Fowles, M. Distribuição de intermetálicos numa extrusão de liga de alumínio AA 2099-T8 Mater. Chem. Phys. **2011**, 126, 46-53.

13. Pillai, C.K.S., Paul, W., Sharma, C.P. Chitin and chitosan polymers: Química, solubilidade e formação de fibras. Prog. Polym. Sci. **2009**, 4, 641-678.

14. Hebeish, A.A., El-Rafie, M.H. , Abdel-Mohdy, F.A., Abdel-Halim , E.S., Emam, H.E. Carboximetilcelulose para a síntese ecológica e estabilização de nanopartículas de prata. Carbohydr. Polym. **2010**, 82, 933-941.

15. El-Rafie, M.H., El-Naggar, M.E., Ramadan, M.A., Fouda, M.M.G., Al-Deyab, S.S., Hebeish, A. Síntese ambiental de nanopartículas de prata utilizando hidroxipropilamido e sua caraterização. Carbohydr. Polym. **2011**, 86, 630-635.

16. Hebeish, A.A., El-Shafei , A., Sharaf, S., Zaghloul, S. Novos precursores para a síntese ecológica e aplicação de nanopartículas de prata no domínio do acabamento do algodão. Carbohydr. Polym. **2011**, 84, 605-613.

17. Hebeish, A.A., El-Naggar, M.E., Fouda, M.M.G.,Ramadan, M.A., Al-Deyab, S.S., El-Rafie, M.H. Têxteis antibacterianos altamente eficazes contendo nanopartículas de prata sintetizadas em verde. Carbohidratos. Polym. **2011**, 86, 936-940.

18. Chade, A.R., Zhu, X.Y., Krier, J.D., Jordan, K.L., Textor, S.C., Grande, J.P., Lerman, A., Lerman, L.O. Endothelial progenitor cells homing and renal repair in experimental renovascular disease. Clonagem de Células Estaminais. **2010**, 28, 1039-1047.

19. Shameli, K., Ahmad, MB. & Yunus. W. Nanocompósitos de prata/poli (ácido lático):

Preparação, caraterização e atividade antibacteriana. Int.J. Nanomed. **2010**,5 , 573-579.

20. Nogueira, H. I., Soares, S., Cruz, P. C. & Trindade, T. Adsorção de 2, 2- ditiodipiridina como ferramenta para a montagem de nanopartículas de prata. J. Mater. Chem. **2002**, 12, 2339-2342.

21. Fryer, C.J.H. Therapeutic ratio and radio sensitizers, Br. J. Radiol. **1979**, 52, 507-508.

22. Vogel, A.I. Elementary practical organic chemistry, Part 3, Quantitative Organic Analysis, 2nd ed., Longman Group Ltd. Longman Group Ltd.**1975**, 652-663.

23. ASTM Test Methods D-1682 in Book of Standards, Part 24, Philadelphia Supplement. **1972**, 217-219.

Capítulo 5: Resumo, conclusões e trabalhos futuros

Resumo, conclusões e trabalho futuro

Estes capítulos apresentam um resumo do trabalho de investigação e dos resultados da dissertação. As conclusões são discutidas aqui, seguidas de uma descrição do trabalho de investigação futuro.

5.1. Resumo

Estas dissertações centraram-se na preparação de novas fibras a partir do hialuronano e na aplicação das fibras preparadas em diferentes aplicações médicas.

Na primeira parte desta dissertação, são apresentados alguns antecedentes sobre têxteis médicos, tipos e aplicações, tipos de fibras, tipos de curativos/enxaguamentos de feridas e nanotecnologia.

Na segunda parte desta dissertação, preparámos uma nova fibra de hialuronano através da técnica de fiação húmida; utilizámos a fibra de hialuronano (fibra HA) para a preparação de nanopartículas de prata (Ag NPs). Diferentes parâmetros afectam a preparação de nanopartículas de prata, tais como a concentração de nitrato de prata, a concentração de fibra de hialuronano, o tempo, a temperatura da reação, os tipos de meio solvente e o tempo de armazenamento.

A nova fibra multifuncional (fibra de hialuronano com nanopartículas de prata; HA-Ag NPs) foi confirmada por diferentes ferramentas, tais como microscopia eletrónica de transmissão (TEM), dispersão de luz de diferenciação (DLS), difração de raios X (XRD), dispersão de raios X bidimensional (2D SWAXS), espetroscopia UV/Vis, espetrometria de emissão ótica com plasma indutivamente acoplado (ICP OES), Microscopia eletrónica de varrimento (SEM), espetroscopia de raios X por dispersão de energia, análise gravimétrica térmica (TGA), análise térmica diferencial (DTG) e análise calorimétrica de varrimento diferencial (DSC), a fibra de hialuronano com prata apresentava uma estabilidade térmica mais estável do que as fibras de hialuronano. A fibra de hialuronano e as nanopartículas de prata foram caracterizadas por espetroscopia de fotoelectrões de raios X (XPS); foram medidas as propriedades mecânicas das fibras preparadas. A partir dos dados de DLS, as nanopartículas de prata foram preparadas utilizando propan-2-ol e têm um tamanho de partícula menor do que em metanol e etanol.

Os resultados das fibras multifuncionais mostraram uma elevada atividade antibacteriana contra Staphylococcus aureus (S. aureus) e Escherichia Coli (E. coli). Os testes de viabilidade celular indicaram que o hialuronano, as fibras de hialuronano e as fibras de hialuronano com nanopartículas de prata não eram tóxicos para o crescimento celular. Dois tamanhos diferentes de partículas de Ag NPs (10, 40 nm) não apresentaram qualquer toxicidade. Estes testes foram realizados utilizando a linha celular de fibroblastos de ratinho 3T3.

Na terceira parte do trabalho, foram preparadas novas nanopartículas de núcleo e casca utilizando nanopartículas de prata como parte do núcleo e quitosano-O-metoxi-polietilenoglicol como parte da casca (Ag^0 -*CTS-O-MPEG*). Foi sintetizado um núcleo de tamanho uniforme (Ag^0 -*CTS-O-MPEG*) com diferentes graus de substituição. O iodeto de metoxi polietilenoglicol reagiu com *N-ftaloil* quitosano. Inicialmente, o *N-ftaloil* quitosano foi preparado pela reação do quitosano com anidrido ftálico. Isto foi feito para mascarar os grupos amino do quitosano e protegê-los durante a formação do enxerto *quitosano-O-MPEG* na presença de óxido de prata. Uma vez efectuada a enxertia, o copolímero de enxerto *quitosano-O-MPEG* foi submetido a mono-hidrato de hidrazina para substituir o grupo ftaloílo por nanopartículas de prata ao mesmo tempo. As nanopartículas de Ag^0 -*CTS-O-MPEG* formadas foram caracterizadas A formação do núcleo de prata foi obtida por TEM. O tamanho das nanopartículas de Ag pode ser facilmente controlado através da variação da concentração de óxido de prata. Assim, este método proporcionou uma plataforma conveniente para a construção de novas nanoestruturas núcleo-casca com propriedades de controlo.

Na quarta parte, o tratamento de acabamento múltiplo de tecidos de algodão foi efectuado utilizando nanopartículas de núcleo-casca que consistem em nanopartículas de prata (Ag^0) como núcleo e quitosano-O-metoxi-polietilenoglicol (*CTS-O-MPEG*) como casca foi preparado no quarto capítulo. A nanopartícula sintetizada (Ag^0 -*CTS-O-MPEG*) foi aplicada em tecidos de algodão utilizando o método convencional de cura por secagem. Os tecidos acabados foram examinados quanto às suas caraterísticas morfológicas e de superfície, utilizando o microscópio eletrónico de varrimento (SEM-EDX), que revela a boa dispersão das nanopartículas do núcleo (Ag^0 -*CTS-O-MPEG*) nos tecidos de algodão. Foram estudados os factores que afectam o tratamento, tais como as nanopartículas do núcleo, a concentração de ácido cítrico (CA) e a temperatura de cura. Os tecidos tratados, na condição óptima de 1 % de nanopartículas do núcleo, 5 % de ácido cítrico, secagem a 80° C, cura a 160° C durante 2 minutos, mostraram uma excelente atividade antibacteriana contra Escherichia coli gram-negativa (E. coli) e bactérias gram-positivas Staphylococcus aureus (St. aureus), mesmo após 20 ciclos de lavagem, para além de um aumento dos ângulos de recuperação (CRA), juntamente com uma ligeira melhoria na resistência à tração (TS).

5.2. Conclusões

Esta dissertação apresentou novas fibras médicas, que foram preparadas a partir de diferentes tipos de polissacáridos. A partir dos dados da atividade biológica e dos resultados da citotoxicidade, podemos concluir que todas estas novas fibras podem ser utilizadas e aplicadas para fins médicos, especialmente em têxteis médicos implantáveis, tais como cicatrização de feridas/vestidos e produtos de saúde e higiene, por exemplo, batas e campos cirúrgicos.

5.3. Trabalho futuro

Com base nos resultados desta dissertação, recomendam-se os seguintes estudos futuros.

- Preparação de fibras de hialuronano com diferentes nanopartículas metálicas e óxidos metálicos, tais como cobre, zinco, óxido de zinco e óxido de ferro, e estudo das suas propriedades biológicas.

- Aplicação de fibras de hialuronano com nanopartículas de prata em animais e teste das propriedades curativas.

- A utilização de novas nanopartículas com núcleo para a preparação de nanopartículas bimetálicas, como prata/zinco, prata/cobre e prata/titânio.

- Tratamento de tecidos não tecidos, tais como algodão, algodão/poliéster ou poliéster puro, com as novas nanopartículas de núcleo para utilização em pensos para feridas e áreas de cicatrização.

MIX
Papier aus verantwortungsvollen Quellen
Paper from responsible sources
FSC® C105338

Printed by Books on Demand GmbH, Norderstedt / Germany